《岭南文化书系》编委会名单

岭南文化书系

潮汕文化丛书

潮汕民居

蔡海松 著

暨南大学出版社
JINAN UNIVERSITY PRESS
中国·广州

图书在版编目（CIP）数据

潮汕民居/蔡海松著. —广州：暨南大学出版社，2012.2（2022.3 重印）
（岭南文化书系·潮汕文化丛书）
ISBN 978－7－5668－0041－1

Ⅰ.①潮…　Ⅱ.①蔡…　Ⅲ.①民居—建筑艺术—潮汕市　Ⅳ.①TU241.5

中国版本图书馆 CIP 数据核字（2011）第 237738 号

潮汕民居
CHAOSHAN MINJU
著者：蔡海松

出 版 人： 张晋升
责任编辑： 张仲玲　刘慧玲
责任校对： 郑小燕
责任印制： 周一丹　郑玉婷

出版发行： 暨南大学出版社（510630）
电　　话： 总编室（8620）85221601
营销部（8620）85225284　85228291　85228292　85226712
传　　真：（8620）85221583（办公室）　85223774（营销部）
网　　址： http：//www.jnupress.com
排　　版： 广州市天河星辰文化发展部照排中心
印　　刷： 广州一龙印刷有限公司
开　　本： 787mm×1092mm　1/16
印　　张： 10.125
字　　数： 162 千
版　　次： 2012 年 2 月第 1 版
印　　次： 2022 年 3 月第 4 次
定　　价： 52.00 元

岭南文化书系·前言

五岭以南，素称岭南，岭南文化即岭南地区的人民千百年来形成的具有鲜明特色和绵长传统的地域文化，是中华文化的重要组成部分。由于偏处一隅，岭南文化在秦汉以前基本上处于自我发展的阶段，秦汉以后与中原文化的交流日益频繁。明清以至近代，域外文化不断传入，西学东渐，岭南已经成为传播和弘扬东西方文明的开路先锋，涌现出了如陈白沙、梁廷枏、黄遵宪、康有为、梁启超、孙中山等一大批时代的佼佼者。在20世纪70年代末开始的改革开放的浪潮中，岭南再一次成为试验田和桥头堡，在全国独领风骚。

在漫长的发展过程中，岭南文化形成了兼容、务实、开放、创新等诸多特征，为古老的中华文化的丰富和重构提供了多样态的个性元素和充沛的生命能量。就地域而言，岭南文化大体分为广东文化、桂系文化、海南文化三大板块，而以属于广东文化的广府文化、潮汕文化、客家文化为核心和主体。为了响应广东省委、省政府建设文化大省的号召，总结岭南文化的优良传统，促进岭南文化研究和传播的繁荣，在广东省委宣传部的指导和大力支持下，暨南大学出版社组织省内高等院校和科研机构的专家学者编写了这套《岭南文化书系》。该书系由《广府文化丛书》、《潮汕文化丛书》及《客家文化丛书》三大丛书共30种读本组成，历史胜迹、民居建筑、地方先贤、方言词曲、工艺美术、饮食风尚无所不有，试图从地域分类的角度完整展现岭南文化的风貌和精髓。在编写过程中，我们力图做到阐述对象的个性与共性相统一，学术性与通俗性相结合，图文并茂，雅俗共赏。我们希望这30种图书能够成为介绍和宣传岭南文化的名片，为岭南经济和文化建设的再次腾飞提供可资借鉴的精神资源。

需要说明的是，本书系曾获批为2009年度“广东省文化产业发展专项资金”资助项目，在项目申报和丛书编写过程中，广东省委宣传部的领导多次给予指导，并提出了许多宝贵的意见；中山大学、华南理工大学、华南师范大学、广州大学、韩山师范学院、佛山科学技术学院、韶关学院、嘉应学院以及暨南大学的有关领导和专家学者也给予了大力支持和帮助，在此我们一并致以诚挚的谢意！

《岭南文化书系》编委会

2011年6月18日

目 录

岭南文化书系·前言 …………………………………… (001)

一、潮汕民居建筑的自然环境及形成历史 ………………… (001)

二、潮汕民居营造的文化渊源 …………………………… (010)

三、聚集各式民居的乡村聚落 …………………………… (012)

四、潮汕民居建筑的形态样式 …………………………… (019)

（一）各式民居 ……………………………………… (019)

（二）宗族祠堂 ……………………………………… (024)

（三）书斋、庭园 …………………………………… (025)

五、潮汕民居营造的习俗和传统 ………………………… (027)

六、潮汕民居建筑的构造特征 …………………………… (032)

（一）厚重朴实的版筑夯土墙 ………………………… (032)

（二）排列有序的建筑构架 …………………………… (033)

（三）硬朗刚性的硬山屋顶 …………………………… (037)

（四）山墙与五行墙头 ………………………………… (038)

（五）多姿多彩的门户 ………………………………… (040)

（六）各式窗户 …………………………………………… （047）
（七）天井与采光通风 ……………………………………… （048）
（八）地坪 …………………………………………………… （051）
（九）厅堂与过白 …………………………………………… （052）

七、潮汕民居建筑装饰 …………………………………… （054）

八、潮汕民居建筑实例 …………………………………… （057）

（一）府第与大厝 …………………………………………… （057）
（二）宗祠 …………………………………………………… （121）
（三）村寨、土楼 …………………………………………… （142）

参考文献 ………………………………………………… （155）

后　记 …………………………………………………… （157）

一、潮汕民居建筑的自然环境及形成历史

潮汕地区位于广东省东部，北连兴梅地区，西与惠阳地区接壤，东接闽南地区，南临南海，包括汕头、潮州、揭阳三个地级市，总面积 10 346 平方公里。地势西北高而东南低，东北和西北多高山，东南临海，形成一个内陆比较封闭，海岸线漫长的地理小区域。区域内水网密布，韩江、榕江、练江三江川流而过，中下游有河谷平原和河口冲积三角洲平原。山地和丘陵占本地区总面积的 70%，平原占 30%。有 278 公里长的海岸线和广阔的海域。

潮汕地区位于热带与亚热带之间，北回归线恰好从本地区中部穿过，终年日平均气温高于 10℃，日照足，基本无霜雪，夏长冬暖，四季如春，繁花似锦。

史载潮汕地区“在禹贡为扬州之域”、“在春秋为百越地”、“在汉为南越地”。秦汉时期，岭南作为百越之地在汉代统一于中央王朝。据史家考证，潮汕地区在秦汉设治之前为古越族一支繁衍生息之地，人烟稀少。秦朝统一中国后，朝廷向南方派兵、屯军戍边，史上有秦王迁徙中原50 万人驻岭南的记载。西汉元鼎元年（公元前116 年）设置揭阳县，属南海郡，管辖有今潮汕、兴梅及闽南龙溪、漳浦一带。在秦汉时期，中原地区战乱纷争，迫使大量人口迁徙移居南方。特别是西晋永嘉年间（307—312 年）的“八王之乱”，中原民众因避乱逃荒源源南来，造成又一次移民高潮，他们多数从河套以东（今山西省），取道福建沿海，定居一段时间后再逐渐迁入潮汕，故称“福佬”。一部分沿内陆江西一带进入潮汕，被称为“河佬”。他们在潮汕这片大地繁衍生息，逐渐同化了古越族，同时也带来了先进的中原文化。

潮汕地区位处“省尾国角”，三面环山一面朝海，地处偏远，交通闭塞，远离中原政治权力中心，战乱较少，社会相对稳定。在这里，很多优秀的中原文化得以保存和发展。潮汕人不忘根本，在民俗文化方面，处处透着晋唐遗风。潮汕人修宗祠、建民居都喜欢在门楼挂上刻有“颍川故家”、“济阳世家”之类的门第牌额，无处不流露出秉承中原正宗古文化的优越感。典型民居“四点金”被许多专家学者称为“从历史学和考古学的角度来看，这种建筑形式乃中原建筑古老形制之遗存”。

我国院落式民居的形态，最早出现在秦汉（公元前221—公元220年）之际，东汉（25—220年）的画像砖给人们留下了较完整的形象，“秦砖汉瓦”的技术支撑、封建农耕家庭模式的完善以及礼制的普及为民居文化的普及创造了条件。这种民居模式在漫长的农耕社会中显示了极强的生命力。这种院落式民居（潮汕称天井式）何时出现在潮汕，现尚未准确考证出来。由澄海出土的瓦当等文物和考古发现的汉代遗址可知，在秦汉时期潮汕各地建筑已初具规模。黄挺、陈占山两位教授合著的《潮汕史》作了如下描述：“在汉代汉人的移入，为潮汕地区带来了全新的建筑形式，汉式聚落在这一时期出现了。在龟山之麓，新民居利用低矮山冈，平整了几级平台，营造起汉式建筑。高处，有三合院型的大屋，有圆形的祭坛，有官员居住的住宅，梁架结构、夯土墙、瓦顶、高敞堂皇，依山而下，是一列列的排屋。”隋唐时期，中原主流文化影响逐渐扩大。经历了陈元光平定泉潮间蛮僚啸乱，韩愈谪为潮州刺史，潮汕进入快速开发的时期，建筑技术水平得到迅速的提高，房屋营造行业有了很大进步。虽然目前尚未发现这一时期的房屋实物，但从建于唐代的著名寺庙潮州开元寺可看到，它占地百亩，规模宏大，现存的大雄宝殿前部分石栏板和庭院中的石经

潮州开元寺

幢是这时期建筑构件的代表，特别是石经幢端庄宏伟，堪称精品。由此人们可以想象当时建筑行业所达到的规模和水平。宋元时期，大量移民经闽入潮，汉文化经闽而来加速潮汕地区的开发，源源而入的移民具有先进的汉文化素质，官方重视兴学教化，使当地民众加快接受汉文化礼教风俗。潮汕人的汉化是潮汕人民系形成的基本条件。民系的形成也带动了潮汕建筑的地方特色的形成，这一时期，留下来的建筑实物有我国四大古桥之一——广济桥。该桥始建于宋乾道七年（1171 年），集梁桥、拱桥、浮桥于一体，是我国桥梁史上的孤例。韩文公祠始建于北宋咸平二年（999 年），是我国现存历史最悠久、保存完整的纪念韩愈的祠堂。潮州城内许驸马府，始建于北宋治平元年（1064 年），是潮汕大型古民居之早期代表作，也是南方府第建筑发展演变的重要实物。北宋熙宁年间，彭延年以钦赐钱帛在揭西浦口营造的彭园，是潮汕地区第一座私家园林。营造期间，彭延年特地从家乡江西庐陵请来名匠负责施工，这是内地筑园文化传入潮汕的有记载的最早实例。总之，从唐代开始，潮汕建筑加快引进中原先进建筑技术，尤其是宋以后，更多地受到由闽传入的建筑技术的影响，石构建筑取得了很高的建设成就；同时，可就地取材的贝灰沙打夯技术也开始广泛应用。

我国四大古桥之一——广济桥

潮汕地区有山、海、平原兼备的优势，蕴藏着丰富的自然资源。这里濒临南海，气候宜人，土地肥沃，适合种植各种农作物，商业经济十分发达，手工业鼎盛。到宋代，国内外商贸活动已相当活跃，此处已是对外贸易的重要地区，不少行业如陶瓷业也取得了很大的发展。潮州笔架山瓷窟鳞次栉比，绵延 4 华里，号称“百窟村”，这里生产的瓷器源源不断地远渡重洋，销往世界各地。经济的发展积累了资金，民间出现了许多富商大贾。在唐代，先后有韩愈等 12 位贤臣良相被贬谪到潮汕，他们带来了中原地区先进的生产技术和文化，促进了潮汕地区的经济发展和文化繁荣。同时催生了唐、宋潮汕地区的“潮州八贤”，即唐代的赵德，宋代的王大宝、许申、林巽、刘允、张夔、卢侗、吴复古。还有刘景、许闻海、许珏等名公臣卿、宰相、驸马。至明、清时期，潮汕地区更是人才辈出，有状元林大钦，兵部尚书翁万达，礼部尚书盛端明，兼礼部、兵部尚书的郭之奇，南京礼部尚书黄锦，大理寺卿周光镐，太常寺卿林熙春，御史薛侃、辜朝荐，按察史黄国卿等。众多仕宦贤达衣锦还乡时，为光宗耀祖，便大兴土木，造祠建宅，将自己的生活追求、文化理想、人文修养都融入到这些建筑中，经济的繁荣、文化的发展和大量仕宦的造祠建宅，促进了潮汕乡土民居建筑的形成。

进入明代，就史载资料和目前保存在潮汕各地的建筑实物来看，嘉靖年间（1522—1566年），潮汕地区人口倍增，达50万之多，已是一个人口稠密的地区，从而促进了潮汕平原的开发。由于人才辈出，工商业复兴，市场繁荣，商贸发达刺激着手工业的发展，加上兴修水利，粮食丰收，潮汕迎来了一个民居建筑营造的高潮。在这期间营造的建筑现存实物有：潮州城内被誉为“三达尊”的明南京礼部尚书黄锦的“黄尚书府”，四朝元老家；潮安磷溪的“丁宦大宗祠”，庵埠的“文祠”，宝垅的“林氏家庙”，浮洋井里的“大夫第”，仙庭的“待御宗祠”，龙湖的“许氏宗祠”；澄海程洋岗的“蔡氏宗祠”，隆都的“状元先生府”；揭阳榕城史巷的“十八天井”，汕头蓬州的“大司马家庙”，潮阳峡山的“赞绪堂”，饶平三饶的“道韵楼”。这个时期的建筑讲究中轴对称，主次分明的平面布局已基本形成。朝向天井内部的门窗宽敞明亮，对外相对封闭的建筑形式被广泛采用。为满足防台风的需要，屋面多采用硬山顶，屋脊较为平直，少有起翘。石地、石檐柱、石础木柱被大量使用，立柱与柱础采用叠珠、

潮安磷溪丁宦大宗祠

坚珠与落地柱结合，通常为外坚内叠，使地面构造与地下基础刚柔相济，以满足抗震防风的需要。梁架外侧使用穿斗式结构，内部使用抬梁式，墙体与结构立柱分离，这些设计手法都能起到刚柔相济的抗震适震效果。此外，这个时期的建筑恢弘大气，平面对称、严谨、质朴、自然、落落大方；装饰比较简洁，内容多为花草，品种亦不复杂，施雕构件讲究与整体梁架和谐，这批建筑反映了中原建筑文化在潮汕地区的广泛传播，标志着具有潮汕地域特色的民居建筑已经形成。

明末清初，潮汕地区战事纷纷，各地屡罹兵燹。清顺治十年（1653 年）九月十一日，潮州遭到历史上第二次屠城，被清兵杀死的守军和民众达 10 万人之多。清康熙三年（1664 年），清王朝拆地迁界，东南五省的沿海纵深 50 里内被划为无人区。潮汕地区直接受其祸害的有潮阳、饶平、惠来、澄海四县，南明屈大均在其《广东新语》中有生动记述："三日尽夷其地，空其人，民弃资携累，仓促奔逃，野外露栖、死亡者载进以数十万计。"潮汕遭此浩劫，人口锐减，清康熙元年至二十二年间，人口只存 10 多万，经济一落千丈，更谈不上营造建筑。至清康熙二十三年（1684 年），清王朝才下令解除海禁，各地民众回迁置地，重建家园。此后，经过一段时间的恢复发展，潮汕地区经济得以复苏，沿海制盐业日见发达，建有大型盐场，行销闽、粤、赣三省。手工业的刺绣、木雕、陶瓷以及冶铁、炼锡、造船、制糖行业得到了全面发展，有的成为当时外销的主要产品。手工业日见发达，民间多有富商大贾。但是传统的农业毕竟无法容纳越来越多的劳力，在生存压力的作用下，开始有大批潮汕人在澄海樟林等地乘坐"红头船"漂洋过海，到南洋等地谋生，开拓基业，俗称"过番"当"番客"。"番客"的"过番"推动了潮汕对外贸易，繁荣了经济，使潮汕地区在清康熙后期至清乾隆年间迎来了自明嘉靖年间以来的第二个民居建筑营造的高潮。揭阳玉窖的"郑大进府"，渔湖的"袁氏宗祠"，古溪的"陈氏家庙"，京岗的"翰林府"，揭西棉湖的"郭氏大楼"，澄海城内的"五马垂芳"，前美的"永宁寨"；潮安庵埠的"杨氏家庙"，龙湖的"阿婆祠"；潮阳砂垅的"东里寨"，饶平的"里秀楼"，汕头达濠的"乌、红字祠堂"、"大夫第"；南澳的"康氏宗祠"等一大批祠宇、大厝都在这期间营建。澄海樟林也由一个滨海村寨渐渐发展成为海港。这一时期营造的建筑规模宏大，布局均衡对称，呈

现出严谨方正的群体组合，做工讲究，装饰日趋华丽但不失稳重。建筑构件中加强了装饰性雕刻，雕刻内容丰富，形式多样，追求整体效果，各种技艺有了发展，出现了不少精品，形成了各种装饰百花齐放的局面。从这些建筑我们可以看到潮汕乡土民居建筑在以往发展的基础上，结合日益鲜明的当地文化，走向具有地域特色的成熟风格与系统做法。如从揭阳渔湖的“袁氏宗祠”可看到具有乡土鲜明特色的“三橔五木瓜、五脏内十八块花坯”梁架已经定型，并被普遍使用。从汕头达濠的“乌、红字祠堂”、南澳的“康氏宗祠”可看到祠堂凹斗门楼全部为石作，这种凹斗门楼，它的门框、梁架、立柱、四周墙壁均模仿木结构的形式，全部构件仿木结构用榫卯连接和加固。同时在梁架上、石壁肚的饰品也全部用石雕装饰，构成了一个非常坚固又独具特色的石门楼。这些展现出潮汕乡土建筑从引进、吸收、消化中原汉化建筑、闽南建筑等精华，逐渐发展到形成具有地方特色的民居建筑，并走向成熟的风采。

庵埠杨氏家庙

龙湖阿婆祠

达濠吴氏家庙——红字祠堂

澄海樟林古港新兴街

进入清嘉庆年间之后，潮汕地区人口激增，清嘉庆二十三年(1818 年)，潮汕人口达到 1 405 180 人。人口激增，土地开垦却不多，加上自然灾害，潮州在清道光二十一年至二十三年连续三年发生大的水灾，韩江堤围多次被冲毁，淹没大片田园。官绅迫租利日紧，各种社会矛盾日益激化，清道光二十四年（1844 年）至清咸丰四年（1854 年），潮汕民众纷纷起义抗争，紧接着又爆发太平天国运动。这期间社会动荡，战事纷纷，经济大受影响，建筑营造必然回落到低潮。

至咸丰九年（1859 年）汕头的开埠深刻、巨大地影响了潮汕的社会经济与政治文化。汕头开埠后发展成为潮汕乃至粤东、闽西、赣南主要通商口岸，商贸的发展促进了经济繁荣。至清同治、光绪年间，潮汕社会繁荣，文化进步，手工业发达，民间艺术空前发展，各门类工艺达到全盛时期。加上早年乘“红头船”“过番”的“番客”经历了两三代人的开拓和发展，不少人事业有成，积累了一定财富，出外发家之人讲究叶落归根，回祖上起厝，以光耀列祖列宗，造福子孙后代。建祠堂、起大厝，不知是多少人梦寐以求的大事，在当时成为社会的一种时尚。人们为了炫耀乡里，在营建时不惜资金，唯求豪华，力求尽善尽美，加上当时民间各门类的艺术发展达到了高峰，使潮汕在清光绪年间迎来了自明代嘉靖年间以来的第三个民居建筑营建的高潮。这个时期建筑的营造规模、工艺水平远远超过以往，并一直延续至抗日战争前。在这期间前期，也就是清同治、光绪年间，营造了潮州铁巷的“己略黄公祠”、甲第巷的“资政第”、潮安彩塘的“从熙公祠”、普宁洪阳的“德安里”、汕头沟南的“世祜许公祠”、揭阳榕城

沟南世祜许公祠

的“丁日昌府”、澄海樟林的“南盛里”、潮安砂溪的“仁里富珍”、赤凤的“顺德居”等府第、祠堂、豪宅。这期间营造的建筑，结构、形式上变化不大，在规模、工艺、艺术水平上都是空前的。建筑大量采用石雕、木雕、描金漆画、灰塑、嵌瓷，并且做工精致，精雕细琢，其中不少建筑成为潮汕乡土建筑的经典之作。如普宁洪阳的“德安里”是由一座“百鸟朝凰”和两座“驷马拖车”为主体组成的府第，被称为广东罕见的府第式巨型建筑群，建筑面积3.2万平方米。潮州的“己略黄公祠”被誉为“木雕一绝”，潮安彩塘的“从熙公祠”石、木雕刻艺术造诣之高，令人叹为观止。这个时期营造的乡土建筑特别是在装饰上采用题材非常丰富，以历史人物、戏剧故事、民间传说、博古静物、花果草虫、江海水族等内容最为广见。作品有图必有意，有意必吉祥，工匠艺人喜欢将人们日常生活中最熟悉的自然景物、生活习俗、喜好巧妙地融汇并表现出来，借以抒发人们对美好生活的祈盼和对未来前程的祝愿。这期间的各种装饰，人物形象接近真实，动物造型、花卉写实生动，建筑强调装饰美，注重精细繁缛的雕刻，建筑总体给人以精致、细腻、艳丽、豪华的感觉，充分展现出潮汕民居建筑走向辉煌的一面。

辛亥革命后至抗战前，汕头市的形成和发展带旺了南北与对外贸易。第一次世界大战使世界经济萎缩，南洋一带“番客”种植经营的橡胶、胡椒和甘蜜惨遭打击。“番客”为避免资本损失而纷纷回故里潮汕起厝置业，侨资的大量涌入，促使潮汕经济空前发展，同时，对外贸易促进了本土与外来文化、技术的交流，使得潮汕民居建筑营造也开始引进西洋建筑的形式和材料，这段时间也可视为潮汕乡土民居建筑自明代嘉靖年间以来的第四个建筑营造高潮。这期间营造的建筑延续了清光绪年间以来建筑规模宏大、质量优良、工艺精致的特色，在传统建筑基础上营造了一批糅合中西建筑形式的建筑，这期间营造的建筑有：潮安凤塘的“淇园新乡”，彩塘的“仰德里”，浮洋的“若禧居”，龙湖的“方伯第”，潮州的“莼园”；澄海隆都的“慈黉故居”、“通祖家塾”、“七落厝”，莲下的“思成大厝”、“崑祖家塾”；潮阳棉城的“西园”，兴陇的“振德里”，深洋的“梅祖家祠”；普宁郭厝寮的“许氏五座祠”，泥沟的“亲仁里”，惠来溪西的“林连登祠”等。这时间营造的乡土民居建筑，平面布局大都遵循传统的宗法观念，平面对称，通过中轴线来强调主次、长幼和尊卑，反映了中华传统文化的中庸之道。许多府第、大厝始终按传统在中心位置布置主体建筑“四点金”或“三座落”，但在左右围厝和后包就结合西洋建筑形式建起叠楼，在后包也建起小洋楼，并大量使用西洋装饰纹样和建筑材料。其中最典型的有澄海隆都的“慈黉故居”、潮安彩塘的“仰德里”。从这些乡土建筑可看到潮汕人在营造家园时始终把传统思想和文化作为主旋律，大胆吸收外来的建筑形式及细部装修风格和建筑材料，使中西建筑文化得到了充分交流，形成了丰富多彩而又别具一格的乡土民居建筑。

浮洋若禧居

1939 年日本侵略潮汕地区，当地经济一落千丈，造成 1943 年潮汕大饥荒，潮汕建筑营造又回落至低谷。

澄海隆都慈黉故居

综上所述，自秦汉以来，潮汕在漫长的历史长河中，已经从一个边陲地区发展成为经济、文化相对发达的“海滨邹鲁”，其地理条件、文化历史、民风民俗的差别表现出了鲜明的地域特点，其中的乡土民居建筑尤具特色。

二、潮汕民居营造的文化渊源

潮汕地区人多地少，人口密度居全国之首，农业以精耕细作、优质高产著称于世，有“种田如绣花”的盛誉。与这种特殊的生存意识相关，潮汕人在有限的生存空间中经过长期的积累创造了真正属于自己的物质生活和精神文化——潮州音乐的节律清丽、绵密；潮剧戏文具婉转、清悠的古典韵味；潮绣构图饱满均衡、色彩浓艳，抽纱具有轻盈、通透、淡雅的艺术效果，还有直接装饰于建筑的潮州金漆木雕、石雕、嵌瓷、描金漆画，以及潮汕工夫茶、潮州菜……所有这一切，无不以不温不火的用心和纯正细腻的做工将“精致”一词的含义发挥到了极致。当然，总体意义上的潮汕文化也许不合适以“大气磅礴”道之，它似乎本来就不是强弓硬马的铜琶铁板，既不宣扬惊世骇俗的高调，也不追寻幽独孤寂的诗情，在精雕细琢中感受温柔妥帖的慰藉，在浓丽的现世情怀中品味儒雅风流的古意。

潮汕人与他们的文化体系还有着极强的消化吸纳的能力，即对许多外来文化采取“拿来主义”，经过消化吸纳甚至成为“潮”字号特产。例如由西洋传入的“汕头抽纱”，来自福建武夷山的“潮汕工夫茶”，来自客家的“潮州牛肉丸”……潮汕人在消化吸纳外来文化的过程中，十分精心地依照自己的风格将其加以改造，使之脱胎换骨，令人深深地感受到特有的“潮”味风韵。从这里又可以透出潮汕人小心翼翼地维护地域文化特色不为外来文化所同化的潜意识。潮汕文化得以传承下来，很重要的原因即在于潮汕文化的本质是世俗性。其文化特质深深扎根于最广泛、最普通的日常世俗社会生活中，即最具顽固性、渗透性，并拥有为数众多的忠实的文化维护者和实行者。

潮汕人有极强的吸纳外来文化的能力，又有以不温不火的用心和纯正细腻的做工而将“精致”一词发挥到淋漓尽致的能耐；在营造赖以生存的活动空间——建筑时，更是不惜资费、时间，唯求豪华，力求尽善尽美。在营造建筑时常常采用“激励”机制“进行斗工”，也就是在营造时主人一般都请两班工匠，以中线为界，按左右分“龙畔”、“虎畔”各半，事先讲好所做的内容、形式和工艺方面的要求，互不窥视，各呈其技；完工后，进行品评，优胜者可得到“标尾”（额外赏金），有时主人所赏“标尾”金额还高于原来的工价，不少艺人为了争高低而不遗余力。正是这种充满着斗技斗艺竞争的环境，激发了民间艺人的进取心，提高了技艺，于是出现了一种有趣的现象：在一座统一的民居内包含了一种内容、形式一样而风格意趣表现不一，甚至是大相径庭的建筑手法，泾渭分明，但珠联璧合。

揭西凤江聚祖公祠，两班艺人制作的风格各异的拜享“凤托”

依这种方法营建的民居在潮汕很普遍，特别是清光绪至民国年间更甚，从小到大的民居都有，有的连一个大神龛的两扇龛门都请两位工匠做。这样的竞争机制创造出了不少精彩作品，促进了潮汕乡土建筑营造水平的发展和提高。

三、聚集各式民居的乡村聚落

潮汕乡村聚落选址，一般审“势”观“气”，讲究山脉、水流、地势的位置和走向，换言之，即讲究风水，按照负阴抱阳，依山面水的基本原则，运用八卦阴阳五行种种风水理论进行筹划。通常人们会认为，左有流水，右有道路，前有池塘，后有山丘，这是青龙、白虎、朱雀、玄武环抱的风水宝地。由于区内江河众多，水网密布，数千年来祖先亲水情结的传承，许多大型乡村聚落都分布在江河沿岸，中小

依山傍水的揭阳桃山乡村

型村落也基本分布在溪流与池塘边。它们都有共同的规律，即要求近水、近田、近交通，最理想的是数者兼备。若自然条件不允许，人们就会引溪流，挖池塘，做成“风水池”。潮汕乡村的村口、路旁、溪边、池旁常常种有榕树。榕树树冠阔大，枝叶浓密，下垂的榕须传递着潮汕人落叶归根的愿望，它顽强的生命力也为潮汕人所尊崇。在各乡村，榕树是一种象征，是奋发向上、顽强拼搏的精神写照；村村必种榕树，人们称之为“神树”、“风水树”、“成树”，尊榕、崇榕、亲

榕、爱榕是潮汕人的传统习俗；榕树文化渗透到潮汕人的血液之中，也是潮汕人的精神气质，更是潮汕人的乡土情结。

在我国从传统审美观念看，竹有四美。猗猗绿竹，如同碧玉，青翠如洗，炫光眼目，这是色泽之美；清秀挺拔，竿劲枝疏，凤尾森森，摇曳姿娑，这是姿态之美；摇风异雨，滴沥空庭，打窗敲户，萧萧秋声，这是音韵之美；清晨含露吐雾，翠影离离，月夜倩影映窗如同一帧墨竹，这是意境之美。对于潮汕人来说，竹除了有四美外，还具有另一层含义。在潮汕乡村，一般称在村前、厝前所种的榕树为前榕，称在村后、厝后所种的翠竹为后竹。榕树俗称“成树”，与“成就”谐音；竹与“足”谐音，后边有竹即能“富足”，也就是人们常称的“前榕后竹”，这是潮汕人世代相传的祈望吉祥的传统习俗，示居于此者，能成为有成就又富足的人。在此榕树、翠竹与周围稻田结合反映了潮汕村落民居的简朴、自然，同时展示出一派非常优美的潮汕农家田野风光。

澄海隆都乡村

揭西凤江阳厦乡村

潮安浮洋乡村

潮安浮洋陇美乡村

潮安乡村池漧榕荫

潮安沙溪村景

在潮汕乡村聚落发展过程中，潮汕人那种崇尚追源报本、光宗耀祖、精诚团结、群体认同的强烈浓厚的宗族观念深深贯穿其中，宗族血缘不可避免地成为维系乡土社会的重要纽带。在乡村聚落布局中，多表现为以宗祠为中心的聚族而居的形式，这种由血缘派生的空间关系，首先强调的是宗祠的位置，或以宗祠为中心展开布局，或将宗祠置于村落的最高处，或将宗祠置于道路交通的枢纽处，或分别以宗祠和分房祠为中心形成组团布局，呈现出一种高度向心空间结构，这是潮汕乡村聚落呈现出来的一个特点。

俯瞰潮阳海门民居

潮汕乡村聚落以宗族祠堂为中心，四周有如“下山虎”、“四点金”等基本单元建筑，村前有溪流或池塘，溪边、池前有阳埕，村里交通靠巷道，村外出入口在两旁。整个村落中心突出，布局严整，群体建筑特色明显，尺度适当，水平发展，融于环境。就居住建筑而言，以基本单元建筑，由落连成片，由片连成巷街，再合而形成村落，它的建筑形象的表现不是一座单元建筑所能反映的，而要通过一个院落、一条巷、一条街，甚至一个村落，才能系统地反映出来。这些村落民居，大多数集中布局、相互毗邻、排列整齐、四周街巷围绕，表现出严整、封闭的特点——这又是潮汕乡村聚落的另一个特点。这个特点千百年来基本保持不变，凝结着宁静平和的气氛，体现了潮汕的人文精神。它的基本单元建筑宅院内部空间是封闭的，但其外部空间注重邻里亲情的联系，在村落群体布局中，更注重这种联系，表现出一种亲和力。

潮汕乡村聚落四周青山绿水，修竹掩映，一棵棵榕树树身粗大，盘根错节、绿叶婆娑、苍茂挺拔，宛如一柄柄巨伞舒张在乡村中的一栋栋白墙灰瓦之上。在这里人们一跨出门槛就能碰面，长幼路遇彬彬揖让，巷头厝里诵读之声琅琅，老人在这乘凉、驻足；冬天这里可晒太阳，品工夫茶；夏天可纳凉，弹奏潮州弦诗。溪边、池旁常常安有石步级，每天清晨，女人们聚在一起洗衣，交头接耳，细说世间俗事。这种向内的团聚空间在潮汕乡村是人们日常生活的集结点，在这里活动的人们感到悠闲、祥和，感到邻里亲近，从而极易产生归属感、认同感，进而建立向心秩序和邻里观念。俗语“金厝边（邻居）银亲戚”讲的就是这个方面的内容，人们能在一个祥和、温馨，充满着邻里亲情的乡村生活，使潮汕人聚族而居的观念得到强化。

村前大榕树

潮安彩塘辜厝溪澉洗衣女

远眺桃山乡村

潮汕乡村聚落民居建筑，继承了我国中原汉式合院式建筑传统，结合了潮汕当地气候与环境的实际情况，建筑平面布局，多采用南北朝向，通常由矩形或长方形院落式（也称天井式）建筑构成。整个建筑由两部分组成，前半部分为“外埕”，也称“前埕”，后半部分为主座建筑，也称“后厝”；先入前埕，经过后厝的入口大门进入后厝，形成“前埕后厝”的总体布局。

“前埕”俗称外埕，在潮汕有一定规模条件允许的建筑都有设置，它通常取主座建筑的宽度为长度，深度较浅，埕面一般用贝灰沙土打夯而成，也有用石材铺砌而成。前埕一般设有三面围墙，主座建筑大门对面围墙一般加高作为“照壁”；左右设有两座门楼，俗称“龙虎门”，主座之左称为“龙门”，主座之右称为“虎门”，也有在正面设一座门楼的，这便围合成一个“前埕”；有的前埕没有设围墙，单独做成一个阳埕，这样形成建筑的前奏部分。

前埕后厝——上北村七落

前埕后厝——樟林南盛里

“后厝”也就是主座建筑，在前埕之后，一般与前埕长度同宽，由中轴线的主座建筑与左右对称的从厝或其他配套建筑组成。这种建筑布局在潮汕乡村聚落随处可见，规模大型的如澄海隆都前美“永宁寨”上北村七落、樟林“南盛里”、普宁洪阳“德安里”、潮安凤塘“淇园新乡”等；规模较小的单体建筑，如潮安沙溪“大夫第”，潮安彩塘“仰德里”、“佑杰公祠”、澄海莲下程洋岗“蔡氏宗祠”，莲下潜溪“思成大厝”等建筑多采用这种建筑布局。

潮汕人既有崇尚追源报本、光宗耀祖、精诚团结、群体认同的强烈浓厚的宗族观念，又有追求儒雅、崇文重教的民性。清乾隆《潮州府志》称：“望族营造屋庐，必建祠堂，尤加壮丽”，“家有千金，必构书斋，雕梁画栋，缀以池台竹树”。清嘉庆《澄海县志》记述：“大宗小宗，竞建祠堂，争夸壮丽，不惜资费”。这些记载反映了当时社会大量的南迁移民入潮后，为安居创业聚族而居，宗族祠堂成为联系族人的宗族活动的重要场所而大量营造的情况。同时在营造家园时喜建书斋庭园，据有关资料介绍，澄海莲下程洋岗，1950 年之前人口仅2 400 多，就有书斋 30 座；隆都前溪陈村 1950 年之前，人口 3 000 多，有书斋 33 座；潮安沙溪的“大夫第”就有内外两处书斋。可见，当时书斋在潮汕各地极为普通，它配置庭园，构筑精巧，给潮汕人以文化熏陶。潮人追求这种有文化氛围，又符合生态环境的居住形式。

书斋庭园——西园一景

在过去，潮汕人以家庭、家族为本是世人皆知的事实。自家庭、家族的观念发展了伦理的观念，国人的行为准则也是为了维持家庭、家族的明确、完整的秩序而设计出来的。这些在潮汕向来也是受到人们所推崇的。由于家庭、家族的本质是以家内族内的独立与完整为最高原则，所以家庭、家族集居是潮汕人的理想。它反映在具体的建筑空间上，有两个方面的特点：第一，建筑空间的内向性、封闭性。它以“天井”为中心，建筑沿四周围合，外封闭、内开放，希望不受外界干扰，也希望不去干扰他人。所以，不论其家庭、家族之规模大小，建筑是何种形式，均有一院墙围合，独立门户形成独特的院落式民居建筑形态。潮汕人这些以院落为主的民居，院落不但齐正，而且铺砌整齐，其四周之建筑均面向此空间，并且敞开着。这些民居建筑中，通常为三间之宽度，也有五间，通常不会超过五间之宽度。如果家族较大时，房间需要量大，则宁愿建造第二院落，以保持空间之向心性和封闭性。不但如此，建筑大多进深为一间，以便使所有空间均可与院落相连接。第二，建筑空间的秩序性。在过去，潮汕人特别重视礼教、伦理观念，具体反映就是秩序性。伦理的秩序是什么？是尊卑长幼之序。反映在建筑上讲究主从分明，正偏分明，内外分明，向背分明：主体建筑、主要厅堂位于中轴、中央，特别高大或富丽；次要的建筑分别列于两旁和前后，人们一般能从居住的厅房，推断家庭、家族之各成员应该居住之位置，也能从建筑与位置之关系表明各人在家庭、家族中之地位，从这些我们可知道儒家的伦理观念始终是潮汕人居住环境秩序的最高原则。

四、潮汕民居建筑的形态样式

（一）各式民居

潮汕乡土民居建筑民居有“竹竿厝”、“下山虎”、“四点金”、“五间过”，规模较大的有“二落二从厝”、“三座落”、“三落四从厝”（驷马拖车）、“百鸟朝凰”（百间厝）等形式。

“竹竿厝”为单开间式，通常厅、房合一，也有分开的，前带有小院，后带天井厨房，开间跨度不大，有4米左右，结构简单。在乡村一般几间连成一排。

“下山虎”俗称“三间二伸手”，主座三开间，中间为大厅，左右为房间，开间也较小。前有天井，两侧为“伸手”，也称“厝手”，一般做厨房和贮物房。天井前面为大门，有的将大门设置在两侧的“伸手”——行侧门，行侧门俗称“爬狮”，是一种三合天井式建筑。

民居——下山虎（普宁）

民间说法，该宅院其形状如虎如狮，两个“伸手”就是虎和狮的前脚，因而得名。“下山虎”的平面格局，以大厅为中心，祭祀祖先，接待亲朋好友，家人的聚会，用餐都在这里进行，是一个名副其实的“多功能厅”。两侧房间一般做卧室与“伸手”的厨房和贮物房，围在高墙里的小小院落，充满着一种稳定安宁的气氛。这样的院落格局非常适合小户人家生活居住，是潮汕各地兴建数量最多的乡土民居。

“四点金”在潮汕民居最具特色，它因四面山墙像汉字“金”字而得名，建筑面积大约250平方米，平面格局是以方形为基础的九宫格形式，分前、后两进，主座三开间。前进为凹斗门楼和前厅，左右各有一前房；后进为主座，正中为大厅，左右也各有一后房，也称大房。前后进中间为天井，天井两边东西“伸手”连着前、后房，“伸手”敞开的称南北厅，也称侧厅，封闭的称厢房。“伸手”与前、后房之间各有小过道，俗称“八尺”，也称“格仔”，常在这里设有旁门通厝巷，这个旁门俗称“子孙门”。后房前“格仔”通常会做厨房用。“四点金”的前厅通常安有进屏门，大厅前安有格扇门，这些门可开可闭，也可拆。每逢喜庆祭祀节日，拆下后，厅堂完全敞开，形成一个大空间，满足使用需要。“四点金”虽然采用九宫格形式，但是在开间宽度相同的情况下，后进主座的屋顶一定要高于前进屋顶，大房进深长度也一定要大大超过前房进深长度。这种平面格局处理的定则，所体现的正是乡土社会的礼制秩序。过去，在潮汕地区，一座自成一统的“四点金”是人们追求的理想住宅。

民居——成片四点金（潮阳）

民居——五间过，澄海崑祖家塾

“五间过”是“四点金”的横向增大型，它前后进为五开间，因而得名，比“四点金”增加四间房，天井面积也增大，这是一种规模较大的单体建筑，澄海崑祖家塾、庵埠下路“白灰埕”就是这种形式。

“三座落”也称“三厅亘”，为“四点金”纵向增大型，三进院落建筑形式，比“四金点”增加了一进院落，一般前二进基本和“四点金”一样，后进一般也是三开间，面前也有天井和“伸手”，也称“厝手”。“三座落”宅院，一般门厅为会客、接待亲朋好友的地方，后进大厅设有大神龛，以便祭祖，中厅是举行各种仪式的地方，平时一般正面墙上挂有中堂、对联，两边墙上挂有四幅书法、四幅绘画；正面安放长案，前置方桌，配有太师椅，两边各放两套椅，中厅两侧为大房及家长之居室，前院为客房，后院为内眷住所。火巷从厝则为族人、佣人之住所，上厅正房，一定要高于下厅，大房的纵深长度也一定要超过下房，尊卑、长幼秩序井然。从建筑纵剖面，我们可看到，后进比中进高，中进比前进高，从门口到后厅，逐渐增高，俗称“步步高”；从建筑的角度看，它对通风、采光有利，更重要的是它寄望子孙后代一代胜过一代。潮州卓府、东府埕，澄海状元先生府、揭阳郑大进府都是这种类型的建筑。

府邸——三座落，揭阳郑大进府

“二落二从厝”是在“四点金”的基础上增加了两边从厝，从厝与主座之间有厝巷，它一般有五开间，四房一厅，围护在主座左右，为下辈人或佣人之住所。有的“二落二从厝”将“厝手”与厝巷用过墙亭与从厝厅相连，采用开敞形式，面对中间的大天井，这样宅院前、后厅和从厝两个厅都面向大天井，俗称“四厅

大厝——二落二从厝，潮安沙溪大夫第

相向”格局。这种格局在平面布局上讲究主次分明，以天井（中庭）为中心，突出厅堂在这里的显要位置，把它放置在中轴线上，两侧对称分布，南北厅、房间、左右花巷、从厝等，通过这种规整格局，中轴线始终保持笔直，庭院空间保持横平竖直的造型，形成均齐方整的组合整体；整体安排井然有序，前后左右呈合力之势，具有内聚性。整座大厝所体现的均衡、对称有助于创造平和宁静的空间意境，这种意境充满着秩序井然的理性美。在这里同时透过主座与从厝、大厅与南北厅、外埕与中庭、前座与后院等空间主从、内外划分来适应区分尊卑、上下、男女、长幼等一整套礼教、伦理秩序的需要。采用开敞的厅堂和多种多样的天井，空间流畅，具有良好的通风效果，很适应潮汕地区的气候，是一种具有潮汕民居建筑鲜明特点的建筑形式，在潮汕各地乡村都有建造，一般只有经济富足的大户人家选择这种形式。潮州弘农旧家、仰德里前部分，澄海思成内，都是采用这种建筑形式。

“三落四从厝”，也称“驷马拖车”，它是一种多院落、多天井，规模宏大的大宅院。它有两种形式：潮安、澄海一带，一般以一座“三座落”的建筑为主体，左右各有两条厝巷和从厝拱卫，前有阳埕，后带厝包和后天井，周围用围厝或围埕围合而成；揭阳、潮阳、普宁一带，同样以一座“三座落”的建筑为主体，左右却由四座“四点金”和火巷拱卫，前同样有阳埕，后有后天井和厝包，周围也用围厝或围埕围合而成。“驷马拖车”平面布局规矩方正，以中轴线为主，讲究左右对称，是一个功能配套完善，布置井然有序的规模宏大的建筑群，潮阳西胪下底黄金福新府、潮安凤塘淇园新乡“荣禄第”，普宁洪阳德安里中寨、新寨就是这种形式的建筑群，澄海慈黉故居也是在这个形式的基础上，增加了一些变化。

府第——驷马拖车，普宁洪阳德安里中寨

“百鸟朝凤”也称“百鸟朝凰”，俗称“百间厝”，一般用以称一座有“三座落”的主体建筑，100间厅房或100个门的建筑围绕着主体建筑厅堂，围合而成的大型豪宅。揭西棉湖郭氏大楼、德安里老寨就是这种建筑形式。

以上这些民居建筑形式都是以“四点金”为基本形式而变化的。“四点金”的平面格局是以方形为基础的九宫格形式，中央为天井庭院，四正为厅堂，四维为正房，形成“囲”形中心对称格局。它的最大特点是以中庭（天井）为中心，上下左右四厅相向，形成一个十字轴空间结构，这是同与之相类似的北方“四合院”最为显著的不同之处。许多专家学者称，从历史学和考古学的角度来看，这种建筑形式乃中原建筑古老形制之遗存。

大厝——百鸟朝凰，揭西棉湖郭氏大楼

“四点金”这种模式减少前进是“下山虎”，纵向扩展是“三座落”，横向扩展是“五间过”，左右加二条厝巷从厝是“二落二从厝”，以此为基本形式可以组合出多种平面形式。但无论如何扩展，均保持平面布局有明显的中轴线，以厅堂为中心来组织空间，左右对称主次分明，并以此纵向延伸和横向扩展。总的特点是以厅堂为建筑中心，厅大房小，厅亮房暗，厅中房偏。厅堂是最主要的地方，崇天敬祖、接客请客、家庭团聚、休闲娱乐、红白礼仪等都在厅堂进行。厅前一般有天井，为适应当地炎热气候，多采用开敞厅堂，室内外相互畅通，其他房间门窗也多向天井开户。厅房与其他附属建筑之间有檐廊、连廊相连，以防雨防晒。加上外墙为一个封闭外观，形成一个“外封闭、内开敞”的建筑空间。“外封闭”是指向外的围厝、围墙全部封闭，外墙不开窗，或开小窗，使之与外界分隔。“内开敞”是指所有的厅、房都向天井、花巷开启窗户采光通风，使建筑空间形态具有较严密的封闭性和较强的私密性。在这里以建筑围合起来的外埕、天井、花巷都具有内外融合为一的院落空间，它相对外界而言，属于建筑之内；而相对四周建筑而言，其露天的形态，却又属于室外的部分。这些院落空间，可视为内部化的外部空间，它既在建筑之内，又在建筑之外；既是室内空间向室外的延伸，也是室外空间向室内的过渡，构成一种内外既开放又封闭的空间结构，不但具有外向封闭性，而且具有内向开放性。这种建筑空间形式体现的是虚在中心、实在四周的“外实内虚”的空间理念，能满足人们注重与自然交流和感受自然的心理要求，也为人们提供活动的场所，如婚、丧、嫁、娶等重大仪式宴客典礼。在这里，这些院落空间向内聚合，又外向开敞，它通过门、廊、八尺，将原来相对独立的天井、外埕、花巷和各厅堂互相连成一体，空间流动，开合收放，形成了以大天井为中心的完整有机的院落空间体系。这种匠心独具的空间形态，既含蓄又丰富。这也是潮汕乡土民居建筑各式民居平面格局的基本特色。

（二）宗族祠堂

潮汕乡土民居建筑中的宗族祠堂有“祠堂十八样”的说法，其实它最基本的也就是两种形式：一种为二落式（二厅一天井），另一种为三落式（三厅二天井），其中以三落式最为典型。多数建筑通过这两种基本形式来变化，有的以横向发展，增加两边的从厝和花巷，在花巷做过墙亭处理，形成有“四厅相向”的格局，如汕头沟南的“世祐许公祠”。有的纵向发展，在天井增加拜亭。二落式一般在大厅前、天井中间增加拜亭，这种形式最为普通。三落式有的在中厅前，有的在后厅前；有的中厅、后厅都有拜亭，如潮阳峡山的“周氏家庙”等。拜亭一般刚好处在祠堂的中心位置，它的装饰非常精美、华丽，设置也非常讲究。比如立柱，立四柱的多采用四方柱，立八柱的内四柱都会采用四方柱，外四柱就会采用圆柱或八棱柱。内方外圆，方圆相济，除了外观要求变化外，最主要的是要求族人对内要中规中矩、堂堂正正做人；对外要去其棱角，通融圆滑地与人相处。

一落式祠堂——澄海程洋岗仪轩祖祠

祠堂外观讲究面前开阔，一般都有一外埕，有的还挖池塘，植有榕树等乔木。根据潮汕气候的特点，厝座一般是坐北朝南。以三落式祠堂为例，“落”即“进”，首进为凹斗门楼和前厅，前厅中间有道进屏门，左右各一房间，称“前库房”，供放物和住人使用。一进与二进间有天井及左右两边通廊。过了天井便是二进，二进作为中厅，

二落式祠堂——潮安薛陇家富公祠

三落式祠堂——潮安彩塘佑杰公祠

前后各有一组格扇门，可开可闭也可拆，中厅一般作为接待客人和宗族议事的地方。二进与三进中间同样也有天井和通廊，过了二进后面的天井，就是三进。三进大厅是祠堂最为重要的地方，正中悬挂有堂匾，安置有神龛、香案及供奉列祖列宗的牌位。逢年过节或祖宗忌辰，儿孙就要开龛门祭拜。每逢子孙要外出，如“过番”出外创业，也要开展祭拜，向列祖列宗“告别”。子孙做了伤风败俗的事要家法处置，也要开龛焚香让他在列祖列宗面前认罪。祠堂作为族人聚会、议事、协调族人矛盾等的场所，表现出了具有潮汕特色的祠堂文化。

（三）书斋、庭园

书斋是潮汕一种特殊类型的乡土民居建筑，顾名思义就是为人读书学习而修建的一种建筑，其平面多为三开间，布局比较自由，不受规整的布局所限制。它通常与住宅庭院结合在一起，如澄海隆都前美的“文园”书斋、潮安沙溪的“大夫第”书斋；也有独立自成院落，不依附住宅，如澄海程洋岗的“乃秋小筑”。一般书斋建筑主要由入口处厅堂、小院天井或庭园三部分组成，书斋要求安静，入口很少正对厅堂，多数从侧面进入。厅堂是书斋建筑主体，多数为三开间，正中为厅，厅门正对天井庭院。也有厅由厅堂延伸而成，平面显“凸”字形，两侧为天井小院，可布置绿化，其入口由进门经天井通过檐廊

入内。它的特点是厅比较大，前面或两侧有天井庭院，院内还有水石花木等园林绿化布置，因而厅堂的光线充足，环境幽雅，适合读书、学习，有的也兼做会客之用。

书斋——文园（澄海隆都前美）

潮汕庭园多与住宅、书斋三者合为一体，规模一般较小，地方色彩浓厚，兼之利用当地材料，在岭南庭园中可谓独树一帜。由于地区濒海及海外华侨众多，接触外来事物多，造园方面亦受影响，可惜多已残败或倾毁，现存的澄海西塘、潮阳西园、潮州莼园均为它们之中的佼佼者。

在过去，书斋、庭园一般都是主人学习、休闲散心的好去处，清静幽雅、安恬、私密，鸟语花香、生机勃勃，将其称为一片隐蔽的乐土也不为过。精神可以在此得到放松，思想可以在此得到整合，学识可以在此得到提高，可以这么说，拥有一座美丽清幽的书斋、庭园，主人便可以诗意地栖居。

五、潮汕民居营造的习俗和传统

潮汕人对建造民居十分讲究，历经各朝代的发展和传承积累，逐渐形成了一套营造法式。在潮汕人的传统观念中，民居风水的好坏，关系到一家人、一族人的前途、命运、祸福和成败；盖一座厝，等于建立世代基业，做一件造福子孙的大事，所以人们在起厝的选址上特别慎重，营造过程也特别讲究。

潮汕人起厝一般会先请风水先生，也称“地理先生”，风水先生根据主人的要求，“相地”，察看“风水”。首先考虑阳光、风向、水源、地势、土质等因素，一般都会选择背山面阳、地势高爽、土质优秀、水源方便之地作为村落和民居之地。相地看风水后，风水先生根据厝主的要求，确定“厝局”，定“分金字向”，也就是定建筑中轴线与门的朝向，并向厝主陈述“分金字向”的利弊；相地时风水先生一般运用“罗盘”定位，也就是运用罗盘中二十四山取吉方位，这一过程称“排分金”。二十四山利用圆周360°等分为二十四份，每份15°称山，谓之二十四山，每山由壬、子、癸、丑、艮、寅、甲、卯、乙、辰、巽、巳、丙、午、丁、未、坤、申、庚、酉、辛、戌、干、亥来表示。罗盘以“卯”代表东方，以“午”代表南方，以“酉”代表西方，以“子”代表北方。这二十四山分别纳入八卦中，称“纳甲”，具体为《坎》纳癸、甲、子、辰；《震》纳庚、亥、卯、未；《兑》纳丁、巳、酉、丑；《离》纳壬、寅、午、戌；《乾》纳甲；《坤》纳乙；《艮》纳丙；《巽》纳辛。至于“分金字向”时，厝座高低宽窄尺寸要结合吉祥字，以方位“纳甲法”寻出吉祥尺寸，尺白、寸白成为计算公式，同时还要结合主人生辰八字、年份和周围环境综合考虑，选用具体尺寸。

“分金字向”择定后，风水先生要负责“看时择日”（择定开工安门、升桁的时间），负责“开门”（即决定门的尺寸规格）、“放水”（即决定水沟走向、水口位置）、定“星头”（即确定厝头用什么星头），最后是负责“入火”（即入宅的各项礼节）。

以上各项事完成后，主人就要请出丈竿师傅，他将根据厝座的分金朝向属于某一山而确定某一卦所对应的尺尾数，寸尾数吉利与否，面宽与进深归地母卦，竖向高低归天父卦。尺尾数吉者谓之“尺白”，尺白九星为贪狼、巨门、禄存、文曲、廉贞、武曲、破军、左辅、右弼，其中“贪、巨、武、辅、弼”系吉利之星，其余者凶（不宜用的意思）。寸尾数吉者谓之“寸白”，寸白九星为一白、二黑、三碧、四绿、五黄、六白、七赤、八白、九紫，其中“一白、六白、八白为大吉，九紫次吉，谓之‘寸白’或‘紫白’”。行话称为“尺白有尺尺白量，尺白无尺寸白量”，量即度量、计量的意思，而尺白与寸白的具体用法系根据“八卦算例”选其吉者而用之，这种做法民间俗称“压白尺法”。

根据“分金字向”、“纳甲”及按压白尺法的吉利尺寸，定出厝座各部位的尺寸，丈竿师傅通常将各部尺寸标明在“丈竿”上（丈竿通常为一根长18.6尺，宽6～8寸的木尺），“丈竿”是起厝的基准尺，各工程根据“丈竿”尺寸来施工，这种方法俗称“丈竿法”。

丈竿师傅是营造民居的总负责人，主要负责指挥调度起厝过程，确保整个过程的有序进行。

在这个营造过程中，有许多讲究和要求，从尺度使用上要求高低用天父尺，深浅用地母尺，宽窄用生成尺，门窗用门光尺，埕、巷用弓步尺。“天父尺白”、“天父寸白”与“地母尺白”、“地母寸白”分为两套系统，一般按“压白尺法”去取吉者用。中脊高度称为“天父”，地面宽度称为“地母”，天父尺寸要略大于地母尺寸，一般地面尺寸多为双数，如18尺2寸，屋顶、中脊高度多为单数，如21尺5寸，以符合“天父为阳，地母为阴”之习俗。

“生成尺”一般按歌诀曰：一六共宗，二七同道，三八为朋，四九为友，五十同途。此是洛书之数，来定主厅与主房间的宽度吉数关系。每吉计一木尺，一木尺等于29.7厘米，大约相当于一块大瓦的宽度，潮汕地区厝瓦有大瓦、小瓦之分，大瓦宽度为一木尺，为29.7厘米，小瓦宽度约为25厘米。传统习惯讲究厝座总吉数为单数，厅堂取单数，房间取双数。厅堂取单数，中轴线刚好要铺仰瓦，使雨水能自中央滴下，象征着能出丁。如果取双数，中轴线要铺筒瓦，那么将形成两道水滴，形同哭泣，被视为不祥。在实际采用中，如果主厅是十五吉，两边主房各要十吉，即五十同途；如果主厅是十七吉，两边的主房要十二吉，即二七同道；如果主厅是十九吉，两边的主房要十四吉，即四九为友；如果主厅是二十一吉，两边的主房要十六吉，即一六共宗；如果同地稍为不足，每吉可按0.97尺或0.95尺计。

此法依据先天河图生成而来。歌曰：天一生壬水，地六癸成之；地二生丁火，天七丙成之；天三生甲木，地八乙成之；地四生辛金，天九庚成之；天五生戍土，地十巳成之。

弓步尺，用于阳埕、天井、从厝巷、花巷、后包巷、后包埕，每弓四尺五寸，一、三、五、七、九单弓为吉，二、四、六、八、十双弓为凶。流传有营造规定，“浮埕合弓步，喜单不喜双；四尺半为一步，不可行尽步”。所谓“尽步”，就是进深面宽的具体尺寸不能用步的整倍数（俗称“用尽”），而必须比整倍数多一些（俗称“初步”），或少一些（俗称“留步”）。

门光尺，用于门、窗、进阶，每尺1尺4寸4分，分八个字，为财、病、离、义、官、却、害、本。财、义、官、本四字为吉，病、离、却、害四字为凶。每个字1寸8分照加，加至财、义、官、本为吉。在古时做门，还有这样的规定，官门吉星为官府大门所用，义门一般用于寺观学舍，而民间宅第则多用财门、本门，这些都属吉星，例如某宅门宽2尺8寸，高7尺2寸，验算之，宽高均合“本”字星上，又符合“寸白”，乃算大吉。

在一座民居内，一般格局都是对称的，门与门之间可以直接相对，如“四点金”房门都是相对的，“格仔”四门相对、相通。但不能三门相通，三门相通被认为不吉利，会破财。

潮汕民居对结构的木材选用和做法也是有讲究的，一般称木料靠近树根的一端为“大头”，靠近树梢的一端为“小头”，大头与小头的年轮木纹明显不同，大头木纹紧密、颜色较深，小头木纹稀松、颜色较浅。木材的大头在防腐、抗压等方面的性能要比小头好，所以在使用上就有所选择。

作为柱的木材，一律要大头在下，如同树木生长的自然状态，大头木质紧密、坚固，防腐性较好。

作为梁材，俗称“檵”，“大头在外”，即大头朝向民居的前方，它是按传统习俗头内脚外，将木拟人化。

作为屋檩，俗称“楹”，讲究心间中楹大头在“大位”顺民居朝向的左手方位。若民居朝南，则东方为大位，然后下一根的大头在小位，再下一根的大头又回复大位，如此大小协调地安排。主间两旁的次间或尽间，则一律遵守“大头在外”的原则，将所有楹条大头都排在靠近山墙位置的一侧。用大小头交错的排法，使楹条的重量平衡，更重要的是使楹条受力平衡，避免一侧重一侧轻。在两侧，大头朝外的排法，有利于民居屋面两端依靠楹条直接升起。另外大头刚好接合主山墙部分，容易受到雨水潮气的侵入，大头的材质要更好一些，这样使用才更为合理。

除了对木材的大小头的考虑之外，对木材的“弯势”也有所讲究。不论楹或其他各种横材，均要注意将木材的弯势放正，即弧度弯拱向上。祠堂心间，即大厅后主楹（后墙前第一根楹条）的选材还有一个特别的讲究，要选节眼较多的木材。节眼就是树干上长出的树丫分支的部分，节眼越多表示树丫分支越多，它代表树木生长枝繁叶茂，符合祠堂设计中的讲究，多节眼的木材寓意宗族兴旺、子孙昌盛。

另外，在民居营造过程中木材进场时，要先选好材料，第一根进门的大木是用作后厅中楹的，即最重要的楹条。先要将木材大头一端锯下一块，作为鲁班仙师的神明所在，在厝场里安放好，木匠每天都要上香祭拜。

楹檵彩绘（一）

潮汕各地所建祠堂，厅上主梁（中楹）的中央彩绘有一个伏羲八卦图，也称为“乾梁”或“天梁”。下方加配有“子孙楹”，称为“坤梁”或“地梁”。中楹上大而圆，圆形为天，子孙楹下小而方，方形为地。梁下常写有“元亨利贞”和“子孙昌盛”，元、亨、利、贞皆为《易》卦辞名：“元”指天地万物之本源，“亨”即通达顺利，“利”指顺利，“贞”即坚定不移，故而“元亨利贞”可释为乾坤奠定，万物兴旺，亨通顺达，坚固不移，同时彩绘瑞祥花草，祈盼吉祥顺利。

楹椽彩绘（二）

在过去，起厝除了以上相关讲究外，营造中各工种有各自的要求和约定，它通过师徒传授的方式代代相传，不断加以完善创新，形成了较为完整的“要求标准”，并得到社会的认可，营造中严格按照“要求标准”进行施工。许多做法，特别是构造做法，绝大部分有固定的口诀，潮汕民居得益于这些完善严谨的要求标准，保证了建筑的质量，也为后人留下了一座座建筑精品。

六、潮汕民居建筑的构造特征

（一）厚重朴实的版筑夯土墙

潮汕民居建筑的墙体一般有两种：一种在基础上大约地面的地方设置石地袱，在石地袱上再做墙体；另一种在基础上直接做墙体。不论选用哪种形式，一般都采用夯土墙体。在潮汕，由于土地关系，在建筑营造上，普遍采用夯土墙体，极少用砖砌墙。我国考古发现四五千年前人们就已经用夯土方法修筑城墙。夯土建屋早在殷商时代就有了，至汉代民居用夯土墙的更多。后来有了烧砖技术，砖墙被各地普遍采用，夯土墙逐渐被淘汰，至近代已极为罕见。而潮汕建筑与闽西南的围楼、兴梅的围龙屋，将这种源于中原地区的夯土技术，延续至今且大量使用。其中主要有两个原因：一个原因是潮汕地区人多地少，土地资源极为宝贵，而烧砖要用上好的泥土，会与农业争地。另一个原因是潮汕地区土坡地盛产灰沙，地下又蕴藏丰富的贝灰原料——蚌壳和蚝壳，用灰沙土、贝灰拌和而成的“三合土”打夯的墙，历经一两百年而不坏，费用也比用砖节省，因而千百年来潮汕乡土建筑的墙体，绝大多数是“三合土”夯土墙。这些都与潮汕周边的闽南红砖墙、广

夯土墙——林乔槻府（明）

府的青砖墙有着明显的不同。

清乾隆年间周硕勋修纂的《潮州府志》说到“民居辄用蜃灰和沙土筑墙，地亦如之。坚如金石，即遇飓风摧扑，烈火焚余，而墙垣卓立无崩塌者”，这一记载肯定了潮汕乡土建筑取材于贝灰沙夯土的传统及其良好的性能。潮汕贝灰沙夯土墙，一般选用黏性较好含沙较多的灰沙土，按3∶1的比例加贝灰；有的还掺入红糖水、秫米浆，经过反复翻锄、拌和，达到“熟化”，再立模分层打夯。质量好的贝灰沙夯土墙连铁钉都难以钉入，历经数百年风雨仍完好无损。在打夯时要严格控制“三合土”的含水量，它是保证夯土墙质量的关键因素：含水少，则黏性差难夯实；含水多，虽然夯起来容易，但水分蒸发干燥后夯土墙易收缩开裂。通常营造过程依经验掌握控制“三合土”，以用手使力捏紧能成团，而抛下地面即散开为好，一般认为这样水分较合适。按传统方法，打夯过程中，在外墙转角处和“丁”字交接处，常常用竹片、木条做布筋加固，以增强墙角和整体墙面的刚度。

（二）排列有序的建筑构架

潮汕民居建筑的建筑厝座无论是三开间、五开间，还是更多开间，其基本特点是外侧为敦实厚重的山墙封护并承受屋面重量，厝身内侧较薄并开启有门，窗的隔墙或排列有序的木构梁架分隔开间并承受屋面荷载。这种基本构架的分隔与承重有下列两种情况：

一是“下山虎”、“四点金”、“五间过”这些使用功能较为单一的民居。规模较大的，如“三落四从厝”（驷马拖车）、“百鸟朝凰”等豪宅的从厝、后包围屋，基本是采用内、外墙体来分隔和承受屋面荷载，通过在墙壁上合适位置开启门、窗来连接各开间，其优点是各自的开间相对隐蔽与独立，相互不干扰，比较安静。此外，这种形式结构简单，桁条直接搁在内、外墙体上，施土方便。它的缺点是使用空间比较有限，而且不能随便变动。

二是“驷马拖车”、“百鸟朝凰”的主体建筑与“三座落”和宗族祠堂。为了获得较大的空间满足使用需要，这些建筑外侧一般也用敦实厚重的山墙封护并承受屋面荷载，厝内明、次间之间由按一定秩序排列构成的梁架分隔和承受屋面荷载。

潮汕民居建筑的柱一般有檐柱、金柱、副点柱。檐柱在门楼和天

井四周，也称喷水柱和滴水柱。它们的区别是平面是否有进阶石划分地面高差：有的称喷水柱，没有的则称滴水柱。金柱是室内最主要、最粗壮的立柱，一般立于抬梁式梁架下。副点柱一般是在前金柱之前或后金柱之后的立柱。

檐柱，特别是门楼的檐柱，一般做工考究，精磨光滑，明代常用方形起柿花钱、海棠形和六棱形，清代常用方形起柿花鸡心钱。民国年间，开始使用花瓣形棱柱。

门楼檐柱——关玉祖祠（民国）

金柱，是建筑中最为重要的柱子，通常使用圆形梭柱和八角形梭柱，明代以前多采用圆形梭柱并延续至今；八角形梭柱，从现存实物来看可能出现于清中期乾隆年间，至今多有采用。就材质来说，多用石材，少数用木材。

以上各类型的柱一般都有柱础，也称“柱珠”。一般称直接落地、没有柱础的为“落地柱”，外观上使用柱珠，但柱珠与柱子实为一体，柱子仍然是直接入地的称为“坚珠”；使用柱珠并与地基结合，柱子叠放在柱珠之上，称之为“叠珠”。

柱础一般与柱子紧密结合，圆配圆，方配方，八角配八角，柱身断面的线条也延续到柱础造型上。明代以前的形式比较简单，形体上只有一层，为复盆础或鼓形础。明代起造型开始丰富，如圆珠复盆础；清代的造型在明代的基础上更加精雕细琢，相对明代的形体线条更加流畅些，清代的转折细节更丰富些，也有采用装饰图案的；民国年间形体和装饰图案更为丰富，柱头、柱身、柱础都有装饰纹样，甚至是西洋装饰纹样。

潮汕乡土建筑的梁架一般为人们所讲的直梁抬梁式梁架和穿斗式梁架。在潮汕许多祠堂建筑里，大厅通常都是采用六柱式，上有直梁抬梁式梁架，中槽一般设有大橇、二橇、三橇，俗称“三橇”。就现存的实物来讲，在明代潮州的黄尚书府、四朝大老家等府第梁架都古朴无饰，不上漆，整体也少用雕饰。从建于明朝天启六年（1626 年）的潮安庵埠文祠中人们就可看到（檝）上有短柱，直接插入梁檝，梁檝间以别具一格的木雕云龙、狮子、大象、鱼龙作梁垫；随梁枋饰通雕夔龙卷草，造型古朴大方，形象生动，风格稚拙质朴，具有较强的艺术感染力，它也是现在能看到的年代较远、具有一定代表性的潮汕明代典型梁架和装饰。进入清代，从始建于元代、清康熙五十一年（1712 年）重修的揭阳渔湖长美村的袁氏家庙，我们又可看到中座梁架采用了在三檝上有驮瓜柱，瓜柱下部做成木瓜形插入梁，也就是俗称的“木瓜”。在“木瓜”上用华拱和叠斗承接桁的重量，梁间以弯板连接，花坯装饰。这里最具特色的是在瓜柱上用华拱和叠斗，它使人们看到潮汕建筑的大木小式构架中又采用了大木大式构架中的一

直梁抬梁式梁架——世祐许公祠（清光绪）

抬梁式梁架——庵埠文祠（明天启）

抬梁式梁架——袁氏家庙（清康熙）

抬梁式梁架——舜祖祠（清咸丰）

抬梁式梁架——亲仁里（民国）

回字纹方曲檵梁架——佑杰公祠（民国）

些形式。进入清咸丰、同治、光绪年间，不论从揭西的舜祖祠还是潮州的己略黄公祠，都可看到最具特色的“三檵五木瓜，五脏内十八块花坯”的典型梁架在潮汕祠堂建筑的广泛采用。最为典型的是瓜柱间以多层拱枋穿插托垫，具有穿斗式梁架的某些特色，同时瓜柱以凤冠叠斗增强构架横向刚度，加大抗风能力。到民国年间，从潮阳梅祖家祠，到揭西德清祖祠、普宁亲仁里，却见到梁架的瓜柱改用宝瓶形，木瓜已由圆形木雕装饰所代替，整个梁架装饰着各种内容的木雕。由此可见清代潮汕乡土建筑直梁抬梁式梁架，基本的构架形式不变，变的是梁架上的配件和装饰，从简单向繁复变化，而这种变化也延续至民国年间。从揭阳、潮安、澄海部分祠堂、大厝留下来的实物可看到，潮汕乡土建筑的主梁架和檐廊梁架还有另一种抬梁式梁架，它是在传统的夔龙方曲的基础上吸取了一些外来装饰纹样的形式，创造出另一种形式的构架：在金柱上设置一根大梁，上用回字纹方曲的形式，弯来曲去，创造出另一种形式的梁架。这种梁架装饰味浓，别具一格，很有研究价值。

穿斗式梁架——许驸马府（宋）

抬梁与穿斗相结合构架——程洋岗蔡氏宗祠（明崇祯）

近似于穿斗与穿插的穿斗式梁架的优点是柱密，木材断面小屋面的重量可以由多柱承重而直接传递到地面或石地上，柱之间用横木相串，整个构架上下左右连成一个整体，有利于抗风、抗震，适应潮汕地区气候。三座落的建筑常采用这种梁架结构，如达濠的大夫第、龙湖的福茂内大厝，规模较大的五开间祠堂。有的明间采用直梁抬梁式，次间采用抬梁与穿斗相结合的构架，来满足使用需要，如澄海程洋岗的蔡氏宗祠、潮阳下桥祠堂，都是采用这种形式。

（三）硬朗刚性的硬山屋顶

潮汕民居建筑屋顶，在明代可能受到闽南建筑的影响，也有采用悬山顶的，现存实物有潮安浮洋斗文村民居、井里“大夫第”、庵埠“杨氏家庙”等，总的来说采用悬山顶的不多，可能是由于天气原因，因为潮汕夏季多台风。清中期以后，一般都采用硬山顶。硬山顶屋面为“人”字形，屋顶两坡交界处常以片瓦或砖铺砌成屋脊，两侧山墙与屋面齐平或略高于屋面，为使山墙形象更为突出，再沿山墙设置垂脊。潮汕民居采用的“硬山顶”屋顶较之“悬山顶”屋顶抗风，防火性能更好，而且出椽不长，不易受雨淋腐烂。潮汕民居建筑有个明显的特点是屋顶少有举折，举折是确定屋面坡度曲线的方法，也就是说

鳞次栉比的硬山顶屋面——澄海莲下

屋顶少有凹曲，多为直线“人”字坡，外表硬朗，有一种刚强美，容易与硬山顶山墙在造型上和构造上相呼应。形成这种直线“人”字坡屋面的原因，从构造上说，潮式屋顶是在椽条（俗称“桷片”）直接承瓦，单面坡度常用一根或二根，通常椽条跨几个步架铺定，由于一根椽条跨几个步架，屋面凹曲过大就会反弹而难以固定，且凹曲越大，椽条反弹力越大，固定就越不容易，屋面陡峻要消耗材料，而且不利于瓦的固定。此外，潮汕地处沿海地区，防台风也是房屋的基本要求之一。防风还要求房屋相对低矮，坡度平缓，但厝身低矮会影响

正常使用和不利于通风散热，因而厝身降低受到限制，那么只能降低屋顶，如果屋顶降太低，屋面排水就成了问题，若屋面再有凹曲，则会导致因排水不畅而漏雨。在这些因素的相互制约下，潮式建筑屋面长期以来少有举折，多为直线“人”字坡，屋顶正脊基本也采用直线。潮汕建筑与闽南建筑，虽然同属闽海系建筑，平面布局很相似，建筑造型也接近，屋面外观却有明显的区别：潮汕建筑多采用硬山顶，闽南建筑多采用悬山顶，闽南建筑在正脊两端做一个三角形假屋的构造形式。屋栋两端形成一个三角形空间，使正脊如反弓舟体之状，屋面也采用举折的方式，使屋顶呈双曲线形式，这些与潮式建筑形成了明显的差别，一个表现硬朗刚性美，一个表现曲线柔性美。

潮汕乡土建筑注重屋脊和墙头垂脊的处理，一般民居的屋脊中脊有高、中、低脊，主座大厅顶为高脊，前座前厅顶为中脊，花巷从厝为低脊。屋脊一般用砖和瓦鱼鳞相压砌筑而成，既坚固又美观，大户人家的大厝和装饰讲究的祠堂，其屋脊有通花陶瓷压顶，有的还用中脊通花嵌瓷、浮肚嵌瓷，也有用鳌鱼楚尾的，既可以透风，又能压顶防风。屋面一般用青瓦，潮阳也有用红瓦的，瓦片抹灰成垅。普通人家的屋面为双层瓦片，上层为压七留三，底层为压三留七，讲究的人家在屋面也采用三层，瓦片压得更密，压八留二，最后再压瓦筒于两瓦之间，以便排水隔热，增加屋面刚度和整体性。为了突出门面和大厅的屋面效果，在大门、大厅开间屋顶增添一对垂脊，有的还垫起歇山顶，形成门面，屋面脊饰常用传统嵌瓷灰塑，使其轮廓高低起伏，丰富多彩。

（四）山墙与五行墙头

山墙是潮汕民居建筑在我国众多地域建筑独具特色的一种装饰形式，它的形成深受“五行”学说的影响。原始的五行学说产生于夏代初期，该学说力图用五种不同的物质（金、木、水、火、土）来概括世间万物的本源，用它们相生相克的理论来解释世间万物的衍生。五行相生的规律是：木生火、火生土、土生金、金生水、水生木。这显然是通过观察事物的变化而总结出的一种朴素的认识论。五行相克的规律是：木克土、土克水、水克火、火克金、金克木、木又克土，其理论可能同样根源于认识论。

在风水中，五行不仅代表东、南、西、北、中五个方位，更重要的是受汉代董仲舒等人所谓“天人感应”思想的影响，不同的元素授以不同的属性，以德赋之，因而就有了不同的人文含义，风水中的许多内容就是由此而展开的。这就在很大程度上影响了原始的风水思想所具有的科学含义。

“五行”学说认为阴阳二气消长变化，“相生”、“相克”衍生了世上一切有形和无形的事物，并用此阐释地理位置的东、南、西、北和一年四季的春、夏、秋、冬现象。方位前、后、左、右、中在五行中也有其相对的位置：木居左，金居右、火居前，水居后，土居中央。“五行”学说在我国历代相沿，影响广泛，受到世代人们的推崇，而在营造村落、民居中也广泛使用。

潮汕民居建筑在设计和装饰上也广受“五行”学说的影响。“五行”学说中，人为地将山峰按形态划分为金、木、水、火、土五类，金者头圆而足阔，木者头圆而身直，水者头平而生浪，平行则如生蛇过水，火者头尖而足阔，土者头平而体秀。有人简单概括为：金木水火土、圆陡长尖平。潮汕工匠根据这些学说演变出金星、木星、水星、火星、土星五种基本形式的墙头，并衍生出古木星、大北水星、大土星等形式。工匠根据建筑物所在的方位、地形、地貌、周围环境与厝局，结合宅主的生辰八字，按照五行相生法选定山墙脊头的处理方式。如主座方位坐北，即坐“水”，那么山墙可用“金”星墙头，“金”生“水”为吉；若坐东，即坐“木”，山墙可用“水”星墙头，“水”生“木”为吉。依据相关的吉利关系，一座坐北朝南的建筑，北为水南为火，因“水克火”，对水而言，火被“克出”属吉；主座使用火星及水星山墙，坐东朝西的建筑，东为木，西为金，因“金克木”，对金而言，木被“克出”属吉，主座使用木星与金星墙头。坐西朝东的建筑，西为金、东为木，因“金克木”，对金而言，木被“克出”属吉，主座可使用金星及木星的山墙。五行的生克关系，以“生入”、“克出”、“比和”三种关系为吉。

有的民居需要两种墙头，一般要遵从传统规则，例如主座为“金”，伸手或从厝则为“水”；主座为“火”，伸手或以厝则为“土”；主座为“水”，伸手或从厝则为“木”。分析起来，主要理由乃是方位及五行相生之说。我们还可看到在一组屋顶中，可“上”生

“金、木、水、火、土”五行墙头

“下”，主座生伸手或从厝，或“下”生“上”，使其相生不相克，则民居平安，人丁兴旺。

潮汕乡土建筑的墙头和沿山墙两边斜向的斜脊俗称“垂带”，一般做成深灰色，同时要有凹凸变化，以突出建筑物的立体轮廓。有的用彩画、灰塑式嵌瓷作为装饰，采用这些装饰后，使潮汕乡土建筑原本比较简单的外墙有明显的明暗和色彩变化，丰富了潮汕乡土建筑的艺术效果，使潮式山墙成为我国众多建筑中别具特色的一种山墙装饰形式。

山墙与墙头

（五）多姿多彩的门户

潮汕地区面临南海，背靠大山，历史上曾有海盗、倭寇相继剽掠村市，加上宗族相争，官兵侵扰，一般村寨都以寨墙围护，民居也比较规整，外墙极少开窗，形成外封闭的立面造型特征。潮汕人习性有爱炫耀的一面，反映在建筑外观上，表现为不单单满足于外封闭的立面造型，而且非常注重门面，重点突出门楼的处理。

门是居处与外界之间的出入口，是建筑中不可缺少的一部分，可以说有房屋建筑就有门，门户可以沟通内外，同时也具有保卫的作用，是一种安全设施，它可以有效地抵御外界的入侵，使内部得以隐蔽。

的确，门户的设置可以控制出入，作为内部空间与外部空间的连接点，或是空间序列之间各个层次的连接点，门的这些作用在潮汕和我国其他地区的传统建筑一样，表现得相当精彩。

作为出入口的门户，在潮汕也叫做“门面”，这说明人们对于门的经营十分关注和用心，门的形态既反映潮汕地域文化的特征，又表现出潮汕人的理念和追求。在潮汕人们的传统观念中，门是主人的身份和地位的象征。门的形制和装饰都直接关系到建筑的等级，折射着礼仪制度，在社会上形成了影响深远的所谓的“门第”观念。而“旌表门闾”的做法，不但可光耀门庭，而且还起着倡导世风的作用，这些在潮汕传统建筑营造中表现得相当突出。

潮汕乡土建筑的大门的处理是非常独特的，按位置分，一般分为围墙大门（院落大门）和厝座大门。围墙大门形式较多，按门的形式来区别，可分为线形式、门楼式、牌坊式三类。

线形式大门有直线形和折线形两种。直线形围墙大门一般都带有假檐，其线形有平直的，也有凸出的。折线形即围墙大门上都为折线或曲线，它有四种形式，与山墙墙头一样，是金、木、水、土四种形式，一般没有火式。门楼式，即在围墙上部升高并加屋顶和脊饰，在处理时往往与围墙的形式组

牌坊式围垟大门（一）

折线形围垟大门（二）

重檐门楼围垟大门（三）

凹斗门楼——关玉祖祠

合在一起，形成整体门楼式。常见的形式有单檐门楼式，即在围墙大门上加屋顶，重檐门楼式即屋顶为重檐。牌坊式有两种形式：一种为三间形式，一主两次，正中为大门，两侧做成实墙；另一种正中为三门牌坊，两侧为围墙。

在潮汕各地，建筑厝座人们喜用凹斗门楼，在明代以前是采用木作门楼，如许驸马府、黄尚书府、林氏家庙等，清代以后大部分采用石材，也有采用石与打夯灰沙相结合，其中石材最具特色。它在我国以木结构为体系的建筑中别具一格，它的门框、梁架、立柱，凹斗、四周墙壁，均模仿木结构的形式，全部构件仿木结构用榫卯连接和加固，构成了一个非常坚固的石门楼。现存建于明代的丁宦大宗祠、蔡氏宗祠，建于清代的聚祖公祠、从熙公祠、己略黄公祠，建于民国年间的梅祖公祠、亲仁里、关玉祖祠等一大批建筑都是采用石材作门楼。这种采用石材营造的门楼，在我国各地域的建筑中是独特的。与潮汕毗邻、文化相近，同时又盛产石材的福建闽南地区建筑也多用砖、石相间来营造门楼。潮汕建筑的凹斗门楼，一方面以适应当地防雨、防晒、防台风和防盗的需要；另一方面通过多层次的结构变化，可以产生虚实、明暗对比，加强中轴，也为雕饰和灰塑彩绘等传统民间艺术提供空间。祠堂、豪宅门楼一般有一间、三间两种，一间一般设置大门一个，三间的有的设大门一个，也有的设三个门。三间的设置有喷水柱，柱子高昂挺拔，上多用斗拱叠斗梁架之类，常有石雕装饰。民间工匠技艺超群，构思巧妙，在承重的横梁一般采用浮雕，不承重或少承重的构件多采用通雕和镂空雕，使之既美观且富于变化，又满足结构使用安全的需要。四周墙壁常刻有名家题写的匾额，楹联石刻；或雕刻有吉祥图案、戏剧故事、历史人物、花鸟鱼虫等内容的石雕装饰。民居门楼一般多用一间，有的同样用石作，有的也用石门框，贝灰沙夯土墙、砖墙，也同样常有石刻匾额、楹联、灰塑壁画、彩绘装饰，非常精致，蔚为壮观，规模大的祠堂门前常有石鼓、石狮相衬，用以祈福避邪。

潮汕各地的建筑正门一般必有匾额，匾额有四种意义：一是不忘根本，处处透着晋唐遗风，流露出对中原文化的传承，如“颍川故家”、“济阳世家”、“九牧世家”；二是为人们易于辨认，如永宁寨、仁寿里、有为轩、德安居、逐祖家塾等；三是借祖德宗功与宅主官阶来炫耀门庭，如奉政第、中宪第、大夫第、资政第、儒林第、郎中第等；四是为了炫耀和装饰，请政要名人题写作为艺术品来表现，可供欣赏。蓬州古城崇祀岭东名臣翁万达的祠堂，“大司马家庙”其匾额出自明末潮州著名书法家吴殿邦之手。吴殿邦为海阳人，官至尚宝卿，博学多才，能书擅画，名噪一时，此匾气势恢弘，意致古朴，结体在险中求稳，粗犷豪迈中见清逸秀丽。潮安庵埠梅溪村的“洪氏家庙”，其门额为明户部郎中夏懋学所题；揭阳渔湖长美村“袁氏家庙”，其门额为明万历探花宰相张瑞图题写，张瑞图以书法闻名于世，与明代大书法家董其昌有“北董南张”之誉；潮安庵埠外文村的“杨氏家庙”，其门额为清康熙进士，官至户部尚书的赵申乔所题；潮阳沙陇东仙乡郑子彬故居门额“慎余”，为民国政府主席、行政院长谭延闿题写，谭延闿书法，气势磅礴、古拙超逸，深得颜体精髓。

匾额——袁氏家庙

门楼“加冠进禄”石雕——从熙公祠

潮汕各地的建筑，正门匾额两侧，一般都有刻“加冠进禄”、“福禄寿全”等内容的浮雕灰塑和石刻。“福禄寿”三星是我国民间传说中的神仙，更是潮汕民众推崇、顶礼膜拜的神仙：福星是由天上主管农业岁收的木星演变而来的，因为“民以食为天”，丰收才有富足，才有福气；禄星传说是由唐代的第一届开科状元狄仁杰演变而来，后来成了主管“功名利禄”的神，也有传说是由文曲星演变而来，后来又兼有送子功能；寿星是由南极星演变而来，有“南极仙翁”之说，是民间祭祀的寿星，主管长寿。福星手执如意中间而立，左有寿星捧桃执仗，右是禄星怀抱童子，这成为福禄寿三星的经典造型，将其形象加以塑造，安在大门楼上，目的是祈福，求个好兆头。

潮汕各地建筑大门楼的凹斗门楼四周墙壁常常嵌满各种装饰。一般有三种内容，一是起线做蟹壳开光和各种形式装饰图案，如博古图案、八宝吉祥图案，古画、古瓶、玉器、鼎炉、古字画器物均称为博古器物，其类繁多、造型优美、古色古香、琳琅满目。古时博古器物

门楼书法石刻——庵埠乔林林氏宗祠

摆设在室内博古架上，显示主人的地位和高雅的品味。八种宝物组成的吉祥图案，原是佛事的法物，即宝珠、金钱、磬、祥云、方胜、犀角、书画、艾叶、菱镜、元宝、灵芝等，选择八种组成的图案称之八宝。宝珠象征炽热的光明，十分珍贵，携带可赐吉祥，故称其八宝吉祥。二是雕刻戏剧故事、历史人物、花鸟鱼虫、珍禽吉兽等内容的挂屏，嵌在墙壁中，如潮安彩塘金砂从熙公祠，就是这一类石雕。三是

与大门匾额一样，请政要、名人题写门联作为艺术品表现，可作欣赏，这种形式在潮汕各地建筑非常普遍。由于普遍采用石刻，今天的我们能欣赏到历代名流的珍贵书法作品。潮安庵埠乔林的林氏宗祠，门楼壁上就刻有南明宰相陈子壮，明南京礼部尚书、大书法家董其昌，明天启进士、礼部尚书王铎，明大书法家傅山，清代张廷玉、尹源进、陈继儒、张玉八位明清政要名流书写的诗文，非常壮观。清光绪东阁大学士陆润庠，清代末科榜眼朱汝珍，民国监察院院长、书法名家于右任，也为潮汕建筑门楼留下了大量珍贵的墨宝石刻。

匾额与门簪

潮汕各地建筑不论是木作还是石作的大门框上，一般都雕刻有方形或圆形的门簪。门簪也是潮汕建筑文化的另一特色，俗话说“门风相对、阀阅相当”，“入门看人意，出门看阀字”，阀阅就是门簪。门簪起初只是木门框上的一种构件，其功能是将连楹（承受门扇上轴的横木）固定在门框的平枋式上楹后面，后来也成了建筑的装饰品，至今我们还能在潮州的宋代许驸马府看到这种门簪。潮汕门簪的式样几乎涵盖了所有明朝时中原常见的门簪式样，早期的石门簪多采用圆形花卉图案。明代后期以后，多采用方形，用镌字的形式，巧妙地融合了我国传统书法与治印艺术，以文字的形式直接反映了传统理念和主人的精神诉求，内容有“元亨利贞、千子万孙、光前裕后、富贵满堂、诗礼传家、福禄寿全”等。潮

门楼——庵埠宝陇四世大老家

汕门簪最终定格为方方正正的官印式门簪，是内容与形式求得统一的必然结果。

潮汕各地民居的外门楼，大门扇一般都会写上“神荼郁垒”，内门门扇也会写上“加冠进禄”等吉祥语，它主要是根据这个传说而来：东海有座桃郁山，山上有颗大桃树，枝繁叶茂，延展三千里。上有金鸡，下有二神，一名郁，一名垒，并执苇索，伺不祥之鬼、禽奇之属。乃将旦，日照金鸡，鸡则大鸣，于是天下众鸡悉从而鸣。金鸡飞下，食诸恶鬼，鬼畏惧金鸡，皆走之，天下遂安。更有说郁垒二神捉到鬼后，缚以苇索，执以饴虎。于是潮汕民居有在大门写“神荼郁垒”的习俗。

门神（一）

门神（二）

潮汕祠堂大门，单门一般画有门神秦琼、尉迟恭，三门一般画有秦琼、尉迟恭、程咬金、徐勋、魏征、房玄龄等门神。这些门神源于民间传说，秦琼又名秦叔宝，山东历城人，武艺高强，人称赛专诸，似孟尝、神拳太保、双锏大将，锏打山东六府，马踏黄河两岸；尉迟恭，隋唐大将，武艺高强，日占三城，夜夺八寨，功累封鄂国公。秦、尉迟二将帮助唐王李世民打下天下建立大唐后，被封为开国元勋，为什么会充当民间的门神呢？《三教源流搜神大全》记唐太宗李世民早年降瓦岗，扫窦建德、镇杜伏威等起义军，其间杀人无数，继位后身体极差，夜间梦寐不宁，多做噩梦，感恶鬼折磨，日夜恐惧。忠臣秦琼、尉迟恭等自愿在皇宫门口守卫，魑魅魍魉都不敢上前，唐太宗果然无事。久而久之，太宗念秦、尉迟二将日夜辛劳，便让宫中画匠绘制二将之戎装像，怒目发威，手持鞭锏悬挂于宫门两旁，此后邪祟全消。后世沿袭此法，遂将二将永做门神，使他们在民间得以成为流传最广、影响最大，威望最高、普及性最强、贫富皆爱的门神。潮汕地区民众也是世代延续这种习俗，将秦、尉迟诸将的画像贴于大门扇之上。

风水歪门——普宁果陇

潮汕各地乡村对大门的设置还有许多讲究，首先凡大门均避开巷道口，避开与巷口对冲。堪舆学中这样认为，大门为气口，应位于本宅的吉方且要避凶迎吉，这样才能导吉气入宅，按“盖以街巷作水论”，宅前不宜有大水直冲，故“立门前不宜见街口”。若偶尔有的大门难以躲开巷口，则立照壁或屏风遮挡巷口，有的还将大门故意转朝向，做成风水歪门，以确保取得空间曲折幽致的效果，并达到避凶的目的。有的则在大门前的木栅门上置一八卦图，用卦阵来驱凶，以求吉祥、平安。

栅门（一）

栅门（二）

此外，各宅院大门相互错开，大门所面对的墙，有的作为照壁，并赋以“鸿禧”等，以吉祥的题材装饰，有出门见喜之意。门不相对使各宅互不干扰，达到隐蔽视线、减弱撞碰的效果，是一种保护隐私和追求宁静的表现。

（六）各式窗户

潮汕乡土建筑具有“外封闭，内开敞”的特点，“外封闭”使外墙少开窗或开小窗，一般只在墙头开小窗。墙头在潮汕被称为“埤

埤头（金钱窗）——澄海前美慈黉故居

直棂窗——澄海程洋岗儒林第

头”，也俗称“埤头窗”，它常用金钱纹图案，也有用“福禄寿”、“兴”、“旺”等吉祥文字做图案。“内开敞”即一般房间面向天井，花巷都会开窗，用于采光通风，常用直棂窗，窗棂数一般为奇数，也有用木雕花窗。这里窗饰、窗楣有的采用书卷，有的采用花鸟图案，窗框或用人物故事，或用鱼虫花鸟，画工精细、雅致。

（七）天井与采光通风

潮汕乡土建筑有外封闭的特征，一般朝外开的窗户小而少，为解决采光、通风的问题，大都建有天井。天井的作用，从风水的角度来看是为了“养气”，从建筑功能来看是为了采光、通风，同时提供室内外交融共享空间。

俯瞰天井

从前厅看天井

传统的观点认为天井是藏蓄之所，是财禄的象征，《阳宅摄要》中曰：“天井厅一宅之要，财禄攸关，要端方平正，不可深陷落槽，大厅两边有异，二墙门常关，以养气也。凡富贵明堂自然均齐方正，有一种阴阳交媾之养。”这里要求天井端方平正，以养生气，体现阴阳交合之美。天井之所以被看作是财禄的象征，还因为它是排水之所。水在传统文化中是与“财”紧密联系在一起的，《相宅经纂》中曰：“水为气之母，逆则聚而不散，水又属财，曲财留而不去也。”所以天井在向外排水时不是直流而去的，而是屈曲绕行的，以寓意家财聚而不散去。

潮汕民居建筑的天井，具有非常鲜明的地方特色，天井设置一般不大，平面进深与宽度之比，通常在1∶1与1∶1.45之间，也有较大者达1∶2，面积大都在二三十平方米，大的也就是三五十平方米，极少有超过百平方米的。天井一般用条板石砌成，也有用贝灰沙土打夯、贝灰浆抹面的。沿天井四周设置明沟，再从一侧修暗沟。这样，雨天收屋面雨水至天井，沿四周明沟，收至一侧暗沟排出，这样的设置既能排水又能满足风水的讲究。同时，天井讲究端方平正，以美生气，体现阴阳交合之美，潮汕人厌弃大而不当，讲究儒雅与精巧。

民居中的天井前方一角通常挖有一口水井，大型的民居水井一般挖在从厝花巷、后天井。在天井中它不像北方四合院中的庭院常种有乔木，而是通常摆设有莲缸、花盆，种上莲花、兰草、石榴等花草，有的养金鱼，营造一个优雅、恬静的小环境。潮汕人特别喜欢在天井用大缸种莲花，缸里或再养一些小金鱼互相映衬。每当盛夏到来时，莲叶亭亭玉立，撑起一片遮阴，为暑热带来一份清爽凉意。而莲花更是绰约多姿、香远益清，每逢亲戚朋友来到，摘莲花冲水待客，解暑消热，凸显一种民情。在这种环境中的潮汕人，才能体现出以儒雅为民性的心理，才能保持那种讲究精细，按部就班地酌斟品味工夫茶和从容不迫地弹奏流水行云般的潮州弦诗。这些与我国各地的庭院式建筑有着较大的差别，同样的天井，浙江

天井——潮州许驸马府

东阳明清住宅的天井大都是上百平方米的，这些住宅都为二层建筑，不见得能显示广阔。徽州民居同样为二层建筑，它的天井小，仅有一二十平方米；以天井为中心，高墙封闭，形成“四水归堂”，根据民间流行的说法，这种布局方式是按徽商那种天降洪福、肥水不流外人田的典型心理设计的。潮汕民居建筑的天井，面积不大，大都是二三十平方米，讲究的是儒雅与精巧，并模拟自然来改造自然，尽量求得人与自然的和谐统一，充分表现出人与自然的交融，使传统建筑的生态哲理与“天人合一”的观念得到充分展示。

然而，在这里展现给人们的远远不只是这些。人们可品味天井（庭院）的自然美与厅堂的人工美的完美结合：光线的明暗，环境的动与静，色彩的浅与深，门户的开与闭等对比手法，构成了极富韵律的空间过程，又具有十分含蓄的无限幽静的意境。在晴天，人们可看到光线投在天井所产生的光影效果，天井四边建筑投在天井的阴影，随着时间的变化不断移动，或多或少，或少或多，变幻多端，叫人喜爱，人们可从中看到时辰变化的踪迹。直至今天，还可以看到一些年长者，利用上述变化在计算一天中的时辰。在雨天，人们坐在廊下或厅内，看檐头瓦口滴水如注，似珠帘张挂。伴随着淅淅沥沥的雨水声，三两知己摆上茶具，品尝潮汕工夫茶，此情此景是无法用言语或笔墨能描述的。

潮汕乡土建筑有外封闭的特征，一般朝外开的窗户小而少，为解决采光、通风的问题，又有内开敞的特点。庭院内部则是厅堂、天井与通道相结合的布局方式，用开敞的厅堂来解决采光、通风的问题。这种布局以天井为中心，结合开敞的厅堂和畅通的通道，构成通透的内部布局，宜于通风透气，且有利于内部的互相联系。在大型的民居中，则多采用以天井通风、采光的方式。主

外埕天井——澄海前美仁寿里

座采光、通风的问题，靠中间的天井来解决。两侧的从厝和后包，则通过从厝和后包与主座的山墙和后墙之间形成的窄长的侧、后天井来解决，这些贯穿全宅前后、左右窄长的空间有效地减少了夏季烈日的曝晒，同时又为采光通风提供了条件。无风时，一般天井气流上升，带动侧天井的气流，经通道（八尺、格仔），进入天井。这种多天井的通风系统，不论在有风还是在无风的状态下，都能使空气对流，从而使室内环境阴凉通透。民间常说（八尺、格仔）通道最好纳凉，就是这个道理。通常大家都喜爱这种类型的民居。

（八）地坪

潮汕居民建筑的地坪，宅院的外埕多用贝灰沙打夯而成，有的在大门前用条石铺成路。天井一般也用贝灰沙打夯而成，有钱的人家有的用花岗岩条石铺设。天井四周设有明沟，以收雨水用。室内的地坪多用传统的红方砖，地坪的铺设非常讲究，也有一定的隐喻。厅堂地坪铺成斜的“人”字形，隐喻有人气和人丁兴旺；房间地坪铺成“丁”字形，隐喻生男孩、添丁；过道的地坪铺成“田”字形，隐喻家有田地。

“人”字形地坪

“丁”字形地坪

清光绪年间以来，部分祠堂、豪宅也开始采用更为高档的材料铺地坪，如建于清光绪年间的从熙公祠，就用大量石板在大厅铺地坪，民国年间时营造的梅祖家祠拜亭和大厅檐廊，也采用花岗拼花石板铺地坪。此外民国年间兴建的侨宅，如慈黉故居、南盛里则采用进口的彩色釉面砖铺地坪。

（九）厅堂与过白

潮汕民居建筑的厅堂，作为崇天祭祀和喜庆宴聚的场所，其建筑形式一般是按宅院内规格最高的要求来设计的。它采用宅院最高的高度，最大的进深，最宽的面阔，以求达到恢弘、高大的效果。厅堂设置各方面都相当讲究，祠堂大厅正中有的悬有“堂匾”，安放有做工精致的大神龛、几、供桌等一套祭祀用具，宅第厅堂一般都有书画陈设，通常都有十一幅（四幅书法、四幅绘画、一幅中堂、二幅对联），并配有长条几、太师椅等用具。在空间处理上，它要求人站在龛前面向天井必须能看到天空，也就是看向前落时，厅堂封檐与前落的屋脊必须留有一定空间可望见天空，一般留有 1.8 ~ 2.2 尺的高度，俗称“过白”。“过白”的要求与厅堂进深、天井大小、屋脊高低、封檐高低，都有非常关键的直接关系，具体要求在冬至节季期间，坐北朝南的宅院厅堂正午要有太阳光直接照到厅堂中央。根据潮汕地区气候特点，这样既能满足日常生活的需要，又能满足风水的要求。古人云：“凡宅居滋润光泽阳气者，吉。干燥无润者，凶。”“屋宇黯黑、太阔太深、妖怪宅也。”这种设置能达到“阴阳平衡”的风水效果。解决宅院围与合的空间组合和营造“聚气”的环境，深为潮汕人所推崇。

祠堂大厅——赞绪堂

宅第厅堂（一）

宅第厅堂（二）

从大厅看天井与过白——潮州甲第巷资政第

七、潮汕民居建筑装饰

潮汕民民建筑具有务实性和精美性的鲜明的地方特色。务实性表现在乡村聚落的祠堂、民居，有崇天敬祖、防御各种自然和人为的灾害、满足遮蔽容身等各种功能。而精美性常常表现在利用装饰艺术来增添建筑物的美感，同时滋润人们的精神世界，让心灵得到舒展；也有用装饰来彰显主人的社会地位与财富的，或用装饰品来隐喻趋吉避凶、祈祥纳福，表达人们对生活的期盼和祝福，也能起到教化后代子孙的作用。

潮汕民民建筑的装饰主要有三个特点：一是装饰种类多。雕刻有石雕、木雕等；塑造有嵌瓷、灰塑等；彩绘有平面彩绘、灰塑彩绘、门神彩绘、描金漆画等。二是装饰范围广。门窗户扇、墙头屋脊、外墙檐下、梁架下，无所不有。三是具有炫耀性。充分利用民间艺人不温不火的用心和纯正细腻的做工，将“精致”一词的含义发挥到淋漓尽致；装饰追求精雕细琢，细腻繁复，追求金碧辉煌、富丽堂皇。其炫耀财富、对自我的充分展示、大胆夸耀之心表露无遗。

潮汕民民建筑的装饰题材非常丰富，以神话传奇、历史故事、戏文典籍、民间传说、博古静物、江海水族、花果草虫、祥禽瑞兽等内容最广为选用。作品有图必有意，有意必吉祥，民间艺人喜好将人们在日常生活中最熟悉的一切风土人情、生活习俗巧妙地融汇并表示出来，借以抒发人们对美好生活的祈盼和对美好未来的祝愿，如常见的题材多取自《封神演义》、《隋唐演义》、四大古典名著和《百忍堂》、《郭子仪拜寿》、《二十四孝》等家喻户晓、脍炙人口的历史典籍故事和“八仙”、“福、禄、寿”三星等古代民间广为流传的神话人物，以及龙、凤、麒麟、狮、羊、鹿、龟、鹤、蝙蝠、鱼、虾、蟹、梅、兰、菊、竹、石榴、葡萄、瓜、桃、佛手、喜鹊、鸳鸯等象征或寓意吉祥的动植物图案。人们的日常生活、民风民俗以及人们所喜爱的人物形象和劳动场景，为民间艺人提供了无限丰富的创作题材，同时也促进民间艺人不断追求和探索多种多样的表现形式与装饰手法，并根据不同的地方和不同的用途，恰到好处地灵活运用，使之为潮汕乡土建筑增添独特的艺术效果。

潮汕民民建筑装饰不仅种类多，分布范围广，形式多样，而且工艺细腻、精致，玲珑剔透，华丽庄重，融美化和实用为一体，透过这些丰富多样、精雕细刻的装饰，可以从中领略到潮汕乡土建筑的地方特色和丰富的民俗文化内涵。

前厅藻井金漆木雕

厅上神龛

倒挂镂空石雕花篮

素木雕蟹篓

屋脊通花嵌瓷

潮汕地区历史悠久，人文荟萃，保存了大量形态相近、特色鲜明的乡土建筑及村落。这些建筑继承了中国传统建筑的精华，追求天、地、人三者的和谐统一，崇尚自然、文化、艺术、意境与建筑的交融，同时充分地融合了潮汕地域文化和气候环境特征，建筑上形成了外封闭、内开敞的平面布局；建筑精致，有丰富细致和富有文化韵味的装饰装修特征，带有与外来建筑文化交流、融合的特点，呈现出独特的地域工匠技艺，具有务实性和精美性鲜明的地方特色，它体现了潮汕地区历史文化积淀，具有很高的历史、艺术和科学价值。

八、潮汕民居建筑实例

（一）府第与大厝

1. 许驸马府

古城潮州，历史悠久，文化发达，沉积了一大批文化遗产。有集梁桥、浮桥、拱桥于一体的我国四大古桥之一的广济桥；有始建于唐代的名刹——开元寺；有被誉为“潮州木雕一绝”的己略黄公祠；还有国内罕见的北宋府第许驸马府。

俯瞰府第

许驸马，也就是许珏。因娶宋太宗赵匡义之曾孙女，故被称为驸马。他是潮州前八贤之一、北宋景祐年间刑部郎中许申的曾孙。许申，字唯之，先世居泉州，后迁往潮之韩山麓，成为海阳县人（今潮安

县）。咸平年间，陈尧佐任潮州通判时，许申以一布衣之士求见，深得陈尧佐的赏识，大中祥符元年（1008 年）得陈尧佐举荐，许申举贤良。两年后，宋真宗到泰山举行封禅大典，在数百名献赋颂者中召试三人，许申为其中之一，并被学士院评为第一名，授将仕郎秘书省校书郎，接着出京任郦县（今河南安阳市）知县。天禧年初（1017 年）迁韶州（今广东曲江）知州，先后更任吉州（今江西吉安）、建州（今福建建瓯）知州，升任广南西路提点刑狱。又曾任度支判官、工部郎中、江南东路转运使。宋神宗时，因上书极言新法不便，被贬湖南，后复任广南东路转运使。宋仁宗明道二年（1033 年）返京任刑部郎中。许申在各任职上，注重地方建设，兴办公益事业，关心农业生产，体恤民情，革除弊政。任三司度支判官掌管铸钱时，建议采用以药物去除铜中杂质，改按铜三铁六比例铸钱，费省而利厚，在京师得到采用，博得朝廷褒扬。许申为人“姿宇轩特，识见通敏。少读书一经目，终身不忘”。他的文章“渊洽温润，切劘端正，根于所养”，著有《高阳集》。许申是潮汕人中第一个扬名中原的。许氏家族为潮汕望族，其子孙科举有 8 人，任官有 41 人，他的曾孙许珏，官至广南西路兵马都监，“许驸马府”是许珏的府第。

许驸马府，位于潮州市中山路葡萄巷东府埕 4 号，始建于北宋英宗治平元年（1064 年），历代屡有维修，至今仍保留着始建年代的平面布局及特点。建筑坐北朝南，面宽 42 米，进深 47 米，占地面积 2 450 平方米，建筑面积约 1 800 平方米。府前有外埕，长约 100 米，宽 9 米。原东西有龙虎门，一头通葡萄巷、一头通廖厝围。府第采用院落式，也称天井式，主体建筑为三进五开间。府第首进与后座均带有插山厅、房，中厅东西围屋带从厝厅、房及书斋，上厅的后面有横贯全宅的后包，称御书楼。两侧外围有深长的火巷。主体的三进与插山构成“工”字格局，围屋隐伏于中座两旁山墙外，形成独厅、独院、独天井之独特设置，形成各自独立的小单元，满足各种不同功能的使用。整个府第的外部封闭、内部开敞，是密集、方形的平面布局，组合灵活、独特，形成由中央、中轴线四处铺开，左右对称，区域分类明确、井然有序的总体格局。这占地近 2 000 平方米的府第，给人们庭院深深的感觉。它体现了府第藏风聚气的凝聚力，也体现了尊卑长幼秩序和名分在建筑使用上之分别，更重要的是体现了“提倡中庸，讲究平和中正，崇尚仁礼、完美统一”的正统儒家思想。

基于“礼”的规制，从尊卑有序、男女有别的角度所形成的“内外有别”，给建筑带来了一套内外空间概念，在这里得到了充分展现。府第中轴线上有三进主体建筑，在中座中厅沿后副点金柱设有可开可闭的软墙门，也称“软格扇”。建筑沿中轴纵深方向被分隔为类似“前堂”、“后室”内外两大部分。“前堂”以中厅为主，中厅仍是平时筵宴宾客、会聚亲朋和举行各种礼仪的场所，它与既是厅也是进入府第内各厅堂房间主要通道的门厅和前天井两侧通廊，沿前天井围合

从中厅通过“软格扇”看后天井与“后室”

成一个类似“前堂”的公共空间。“后室”以上厅为主，上厅是供祀祖先的厅堂，它与沿后天井四周供尊者、长者日常使用的厅房围合成另一个向内的类似“后室”的私密空间，这个私密空间是府第最为主要的中心，平时，未经主人的邀请，一般人是不能逾越的。此外，沿主体建筑左右和后院，还有若干为“前堂”“后室”服务的院落，满足各种功能的使用，如东西两侧设有书斋，专门供读书、学习的需要等。在府第可看到建筑沿中轴线纵深方向被分隔为类似“前堂”和“后室”内外两大部分，并通过建筑布局和对房屋的使用分配来表现家长的权威和位置，实现个人、家庭和社会全方位的秩序与和谐，营造一个按等级分配，尊卑有序，不容犯上僭越而又和睦相处的居住环境。这些都与我国封建社会的宗法等级制有着直接关系。宗法等级制历经千年不衰，并不断得到强化和巩固，这与我国封建社会的国家结

构和家庭结构存在着同构相似有关。这种同构性突出表现在“家”和“国”都具有统一的构成原则——宗法等级制，其核心是确立了传统伦理以维护血缘关系和等级统治的孝亲忠君的基本原则，并在此基础上形成具有宗教特征的“三纲五常”规范体系。其特点表现在忠孝一体，重祖先与尊君父，十分注重家族、家庭内部的尊卑秩序，注意家族延续。

书 斋

从建筑布局上，我国宫殿建筑布局方面以“前朝后寝”的空间秩序来表现帝王君主的高贵、威严和气势。“前朝”为“治国”，即帝王理政之区域；“后寝”则“理家”，即帝王一家居住之区域。而府第也与帝王宫殿的结构、布局相似，“前堂”类似“前朝”，“后室”类似“后寝”，通过这样来满足、表现家长的权威和位置，实现个人、家庭和社会全方位的秩序与和谐，营造一个尊卑有序、内外有别的居住环境，实现“内外有别、男女有别，尊卑有序”的使用功能。

府第建筑上还有两个特点，首先是均衡、对称。整个府第的建筑都是沿中轴线左右对称布置。其次，建筑配置井然有序，府第坐北朝南，左右有围屋围护，有三进院落的中轴主体建筑与两侧的配套建筑，从建筑的高低大小可以看出何者为主，何者为从，也可视为民间礼制的反映。在府第建筑中，按身份分配居住空间，有前后之分、左右之别，秩序井然。它的房间分置是以厅堂为中心，以中轴线由近至远、先东后西的尊卑关系为顺序的。后厅堂东侧大房（又称正房）住妻；两侧大房（又称偏房）住妾；儿女则按长幼以先东后西分别居住，其他仆人均住围屋。

府第的木构架采用近于穿斗之五柱穿插梁架，并立于条状连续石地袱之上，墙体为版筑夯土和青砖条砌筑，后座上厅东侧两幅墙壁仍保留着桃红色之竹编灰壁。这些设置有利于抗震，确保了府第的坚固。屋顶为硬山顶，倾角小于20°，举折平缓、出檐深远；正脊两端从山尖伸出石质鳌尖，垂脊头开嘴甚长。屋面用蝴蝶瓦砌盖，它与潮汕地

后座上厅东侧墙壁与穿插梁架

区明清以来常用筒瓦屋面，有着明显差别。该府第建筑装饰简朴，却很别致。木结构的大门框上缘，是一对刻着莲纹图形的木门簪，直穿过门框缘背后的木横梁，用木插梢拴住，使门框牢牢固定。这里门槛较高，明间的方形直棂窗，下缘高在1.5米以上，窗棂很密，一般很难看清室内情况，这样的形式，独具神秘色彩。直棂窗是一根根简单得不能再简单的细木条所组成的窗户，却构成了与斗拱同样韵味的古风，它们同样是我国汉、唐的建筑符号，透过这些直棂窗可看到流淌了几千年的中原文化在潮汕建筑上的传承。天井两廊有方形木梁，纵深直贯中、后厅的柱上，称为“跨座梁”，是官宅特有的，一般民宅很难见到。柱多为圆形木柱，有的下复圆珠础，中座厅前梁架斗拱有简单的卷云木雕装饰。府第有水井四口，外围两边火巷各有一口井，供平时使用。按风水学讲究，东苍龙西白虎，故称为龙虎井，龙井为方形，虎井为圆形，这也符合宇宙学的天圆地方学说。从门前的灰埕地面标高至后包的地面高差为1.28米，采用从外到内每进提高标高的做法，寓意步步高升。整座建筑结构严谨，古朴大方，被众多专家誉为“国内罕见的北宋府第建筑”。

卷云木雕装饰（一）

卷云木雕装饰（二）

纵观整座府第，古代能工巧匠还为人们留下了许许多多值得去深入研究的东西。笔者多次前往参观，无不为之叹服。府第多天井设置，解决了采光通风的问题。笔者幸运地在建筑维修时看到了原在地下的排水暗沟。它通过天面收雨水至后天井，再由后天井经中厅西侧的暗沟排向前天井，又汇前天井天面雨水经插山天井后，由暗沟排出。这样的设置既能排水又能满足风水的讲究，一般天井在向外排水时不能直泄而去，而是屈曲绕行的，以表明家财聚而不散。

许驸马府经历了近千年历史，万分珍贵，1996 年 11 月被国务院公布为第四批全国重点文物保护单位。近年来，各级有关部门对府第进行维修，庆幸的是这次维修，全部遵古法制，修缮如旧，现已完工开放。它将为人们研究古建筑形制、营造法式和当时的社会、文化、民俗提供重要实物。

2. 林氏家庙与林乔樻府

在潮安庵埠一带，每当人们提起祠堂、大厝，总会随口而出“一青窗、二石鼓、三老虎”，这已是流传了几百年的一句俗语。“一青窗”指的是宝陇村林氏家庙，因祠堂门前石牌坊两侧各安有青色通花窗而得名。“二石鼓”指的是外文村杨氏家庙，它也因门前两侧安有一对精美石鼓而得名。至于“三老虎”，指仙溪村王氏大宋祠，它气势宏伟，严肃优雅，被时人称为“老虎祠”，至今已有四百多年历史。这三座祠堂历史悠久，人文气息浓郁，盛誉于当地。

在这里，主要谈“一青窗”的林氏家庙和与它相关的人文、历史。青窗祠分二期建成，一期建祠堂前二进，由乡人林鸣凤主持，建于明万历二十五年（1597 年）；二期建祠堂后一进，由林熙春主持，续建于天启五年（1625 年），祠堂历经清道光三十年（1850 年）、民国二十二年（1933 年）两次重修，1985 年旅港乡人又集资重修。

提起林熙春，人们总会用“三世尚书”、“四朝大老”来称呼他。林熙春，字志和，号仰晋，生于明嘉靖三十一年（1552 年），海阳龙溪（今潮安庵埠）宝陇村人。万历十一年（1583 年）中进士后，任四川巴陵县令，抵任即清理浮粮，豁免差役，很有一番作为。后“以内艰归”，所谓“内艰”即母丧。之后启用为福建将乐县令。将乐县是北宋著名学者杨时（号龟山）的故乡。杨时是程门四大弟子之一，在将乐县影响颇大。到任后，特为其创建杨龟山祠，为龟山文集作序；同时整修学宫，十分重视文化教育。以后，升任户科给事中，又历任礼科、兵科，以至工科都给事。明朝给事中，分为吏、户、礼、兵、刑、工六科，掌侍从规谏，有纠察六部弊误、驳正章奏、封还制敕之权。万历二十三年（1595 年），因诸言官对军政大事不敢加以评议，激怒了万历帝，一下子贬斥了 34 人。对此，林熙春毅然于第二年正月偕率同僚，带头抗疏，伸救言官。这一来，万历帝更加恼羞成怒，竟将林熙春也降调为湖南茶陵州判官。从此，林熙春称病家居，一住就是 10 年，“未尝只字入长安”。万历三十四年（1606 年），林熙春接到去广西贺县的任命，他依然没有赴任，直至万历驾崩，前后 24 年闲居家中。

明神宗驾崩后，光宗即位，改元泰昌。是年（1620 年）下旨起用闲置臣子。于是，年已 68 岁的林熙春被起用。他以南京仪制郎中升任光禄少卿，此后历任太仆少卿、右通政、太仆寺卿、大理寺卿。这期间，林熙春虽已年届古稀，依然敢于直言，胆识不减当年。天启四年（1624 年）魏忠贤阉党之祸日见暴露，林熙春自知无力回天，加上年事已高，故连上六疏乞休，最终获得批准。告归前还获晋户部左侍郎。回乡之时，林熙春已是年逾古稀的 72 岁老人，仍然关心地方民生，致力于地方公益事业，支持潮州府事监税，减里役，提议筑炮台，倡修文庙、乡贤祠、文昌祠、凤凰台、三元塔、玉简塔、龙头桥、冬东集桥，又疏通年久拥塞的中离溪，救济灾民，捐田为秀才科试资费。崇祯四年（1631 年），林熙春辞世，享年 80 岁（虚龄），朝廷特赐“三世尚书”，谥“忠宣”，至于“四朝大老”。“四朝”指林熙春历官于明万历、泰昌、天启、崇祯四个皇帝。“大老”是对资深望重的大官的称呼，亦指德高望重的老人。明崇祯元年（1628 年），潮州知府马鸣霆在潮州太平路分司巷口立“三世尚书坊”，坊南镌“四朝大老”，原坊 1951 年拆除，2007 年重建，林熙春在潮州头亭巷的尚书府第至今一直被人们称为“四朝大老家”。

林熙春官至户部左侍郎，死后连同他的祖父林瓒、父林乔槚被追封为户部尚书，称“三世尚书”，子孙称“尚书派”。聚居庵埠宝陇村的林氏一族，逢年过节所挂的灯笼的“林”字，有的一反灯笼写

“三世尚书”“四朝大老”牌坊

红字的常规，写成黑字，称为“乌林”，而同一祖先的也有按常规称为“红林”。为何有乌红之分？原来他们深信传统的阴阳五行（金、木、水、火、土）相生相克的说法，认为水能生木旺木。五行再与方向颜色相配，则水属北方，其色黑，故把含木的林字书为黑色，以求兴旺，由此成为这一派系灯笼的特色。而且村面的祠堂、住宅大多向北，这也是一反常规的做法。在潮汕一般乡村聚落住宅多为朝南，讲究“负阴抱阳”。为何一反常规？除上述原因外，据实地观察，应该与周围环境也有很大关系。村北原来刚好有河流经过，一般乡村聚落都会选址靠近河流或水塘，但忌讳背水。在这里选择向北，既合宗族的讲究，又合周围地理的要求，应该是很好的选择。

“乌林”灯笼

当人们从庵埠沿村道来宝陇村，在村头厝前溪边都可见到树身粗大、盘根错节的大榕树，它那倒垂下来的榕须，长长短短，疏疏密密，那树干奇曲，枝丫繁错，显得格外苍老而飘逸。林氏家庙坐落于村北，坐南朝北偏西5°，开三山门，为三进二火巷祠堂建筑，主座面宽18.3米，进深347.4米。祠前北面有照壁，装饰有麒麟、鹤、鹿嵌瓷，左右有围墙围合成16米深外埕，开有龙虎门。南立有三间石牌坊一座，牌坊两侧墙上有青色通花琉璃窗，“青窗祠”也得名于此。牌坊为三间大门式，上盖庑殿顶，有三块匾额，正中为“世德恩光”，左边为“纶褒硕儒”、“钦差总督两广太子太保兵部尚书戴耀为敕封文林郎延平府将乐县知县林熙春立”，右边为“青琐直臣”，“钦差总督两广兵部右侍郎张鸣冈为工科都给事中林熙春立”。

家庙前牌坊

牌坊宽 5.35 米。走过牌坊为祠前灰埕，深为 10.25 米。灰埕南面为主座祠堂，祠堂主座为三进，有两个天井，正中为凹斗三山门，门摒弃石材，而采用木结构向北，加上祠前有溪流横过，正可承之木遇水则旺。五行之中木之色为青，配面前青窗以辅，并冲淡牌坊石煞，中门上悬“林氏家庙”。前置有一对造型古朴、拙雅生趣的石狮。门上刻有“诗”、“礼”门簪。大门后为前厅，上悬有复原之南明兵部尚书郭之奇所撰《林熙春略传》大匾。走过前厅为前天井，前天井宽敞明亮，过前天井为中厅，挂有《忠宜公为太仆寺少卿诰封敕文》巨匾，其宽 5.9 米，高 1.26 米，边厚 6 厘米，上用楷书阳文正楷，字字青隽，是一件书法和雕刻艺术皆精的珍贵文物。中厅两侧墙面嵌有“忠、廉、节、孝”四个大字，字体遒劲有神，这是前人为后人留下的家训。在古代，“忠”也就是“忠君”，即对国君绝对忠诚，通常人们把国君视为国家的象征，所以，所谓的“忠君”也兼有忠于国家的意义。“孝”也就是“孝亲”，即对双亲绝对顺从，尽心奉养，“孝”是中国人最重要的伦理观念；“忠”是“孝”的外延和移用。在家孝，为国忠，历来被人们视为美德。“节”也就是“气节”，重气节是中国人特有的优良品行，在这方面，苏轼、文天祥、史可法等都是中国历史上的著名代表人物，他们在危难之中“不降其志，不辱其身”，必要时“舍生取义”，以其崇高的民族气节，千古传颂。“廉”即品行廉洁，办事公平，要求人们应有良好的道德品行，重视自身修养，为人表率。这些应该是先人为了让后人能在这得到传统美德的教育。走过中厅为后天井，后天井两侧走廊设置特别宽，达 4.55 米，天井显得小一些，这应该是风水讲究，追求聚气。最后是后进大厅，上悬有天启四年皇帝口授而书的“教忠堂”堂匾，厅上安有三个神龛，大厅按官厅设置，显得格外庄严。

家庙凹斗三山门楼

林氏家庙左旁有林乔樌府，系林熙春当官后为家严乔樌建造的，府第为三进二火巷带从厝和后包的大厝，厅两边都是双包房。府内有99个门，听说原来是100个门，后来填塞了一个，以别于皇家。府第大门的门簪为棱形，刻有福、禄变形字。府内中厅的四根“金柱”采用木柱石柱础，弃石用木，也与“乌林”的讲究有关联。

家庙三进大厅

林氏家庙和林乔樌府，虽经重修，除家庙梁架结构有所改动外，其格局和形制基本保存原来形式，它鲜明地体现了潮汕明末时的建筑特点与风格。

3. 洪阳·德安里（方耀故居）

普宁洪阳镇古称“厚屿”。四周丘陵环绕，南有铁山，北有洪山，东有关东山，西有赤岗山。洪阳河在这流过，其是一处藏风聚气又得水为上、山环水抱、吸纳天地灵气的宝地。南宋末年，福建莆田名士方瑶（号濂溪）游历至此创居，至今在这里的后裔有5万人。洪阳曾是明、清和民国三代普宁县城，人文荟萃，英才辈出。有许多闻名遐迩的名胜古迹，如清代杰出的政治家林则徐忠魂归宿处——文昌阁，还有广东罕见的府第式大型建筑群落——德安里。

府中大厅

俯瞰德安里

德安里，位于洪阳镇南村，传说该村落属“凤地”，由于地处洪阳小盆地的中心，素有“盘底珠”之称，为清朝水师提督方耀的府第。方耀，字照轩，清道光十四年（1834 年）生于洪阳西村，其父方源由军功保举，递补潮州镇右营千总。方耀官至广东水师提督。方耀有兄弟六人，他和四弟方勋是清廷在编的武官，其他兄弟也都先后受到朝廷的赐封，方耀于咸丰元年（1851 年）在父亲方源的乡团中当副官。咸丰六年（1856 年），太平军兴王陈金缸自湖南进军清远。方源率劲勇前往救援而被围困。方耀回潮募集乡勇 1 000 多名驰救，解了父亲之围。由此，其孝勇之名大噪。朝廷升之为都司，赐号“展勇巴图鲁”晋参将。此后，他先后打败陈金缸、丁太阳、康王汪海洋、侍王李世贤诸路太平军，并升任副将、南部连镇总兵等职。至同治七年（1868 年）八月，调任潮州总兵。应该说，方耀是以剿杀太平军发迹，并逐渐得到朝廷重用，这使得他成为一个毁誉参半的人物。

在长达九年的治潮期间，方耀办事干练，颇有一番作为，他于同治九年（1870 年）受总督瑞麟委派，开始清办潮州积案。针对当时潮州各地“土豪每筑堡聚众，占田产抗官租为常，吏不能禁”的情况创办了选举清乡法，他明令在豪族中选择“正人”治乡，“层递稽查，分别良莠”，从乡、县直至州府逐级清办，解决积案数千宗，杀戮近 3 000人。当时，被积案牵连的乡村达 40 余处，均被定为“匪乡”而被烧杀殆尽。方耀在办案中“清历年逋逃，归之官；理积踞田产，还之民”。为朝廷搜刮了税银 100 余万两，收缴炮械数以千计；也为大地主要回了田产。与此同时，方耀也将清办积案所获财产部分用于地方建设，如将一批塭田和房产划入金山书院，作为校产，并倡办各县乡学数百所；创办韩江书局，出版书籍；在各地建立医院，广设善堂，等等。同治十三年（1874 年）起，方耀还主持韩江流域十八都疏浚韩江水道工作，令各县开浚溪河以保农田，使之恢复水利灌溉功能。光绪三年（1877 年），方耀调任广东陆路提督驻扎惠州，曾于光绪四年（1878 年）奉命派遣其弟方勋率潮州义勇军到台湾平息少数民族之乱。光绪五年（1879 年），再调任潮州总兵，负责潮州至南澳、碣石海疆防务。同年，以“邻氛不净”、“潮海严防”为由奏请建成汕头崎碌炮台，这座规模巨大的炮台遗存至今。光绪七年（1881 年），总督瑞麟将方耀治理潮惠政绩呈奏，奏请赐予他黄马褂。光绪九年（1883 年），升任水师提督，他治军严谨，慷慨明敏，善于用人。中法谅山战役后，法军图谋由粤内侵，见其防备森严，遂转攻福建。光绪十七年（1891 年）夏，方耀在往江浦军途中中暑昏倒，于七月七日卒于任上。

德安里，始建于清同治十年（1871 年），清光绪十六年（1890 年）建成，历时二十年。由方耀与其兄弟营建，占地面积 5.9 万平方米，建筑面积 3.2 万平方米，主要由老寨、中寨和新寨三部分组成。老、中、新三寨都是以大祠堂为中心，其他建筑围绕祠堂、前后左右设置而建。祠堂左右为三座落的大厝，然后是火巷（也称花巷）和厝包，从三面围护着祠堂，外围也围以坚固高大的寨墙，寨墙外为护寨河。这样，就形成一个内为府第、外有沟渠寨墙环绕的潮汕围寨，被称为广东罕见的府第式巨型建筑组群。

德安里总体模型

德安里老寨占地面积 25 670 平方米，建筑面积 12 389 平方米，它以祠堂“燕诒堂”为主体建筑，后面依次为“四间过”、大“下山虎”。祠堂两侧从前至后依次为左右对称的“三厅亘”和三座“下山虎”，后面横排着七座“下山虎”，称为“后七座”，共构成三条横向通道，通称“三街”。祠堂两侧与“三厅亘”之间有两条火巷，“三厅亘”两侧又各有两条100米深的火巷，俗称为“六巷”。每条火巷整齐地排列着20间平房从厝，因而老寨又有“三街六巷”的美称，整个老寨以后增建的“后七座”不算，围绕着主体建筑，祠堂“燕洽堂”的房屋刚好是100间，故俗称“百鸟朝凰”格局。

祠堂“燕洽堂”建筑面积1 355平方米，为五开间，七厅八房六天井，后天井中央有一抱印拜亭。门楼三开间，立有一对喷水柱，门上悬有“方氏家庙”匾额，门前置有一对石鼓。走过大门为前厅，前厅左右各有两个前库房，前厅下为前天井，天井两边为庑廊。过天井为中厅，中厅三开间，左右有房间，立有四根圆梭形金柱，下置圆漆复盆础，四根檐柱为抹斜角线方柱，中槽为“三檄五木瓜”梁架，装饰简洁，中厅后为后天井，天井中央有一抱印拜亭，立八柱，内为起抹斜角线方柱，外为八角形柱，下复化篮础。屋面为歇山顶，拜亭后为后厅，悬有堂匾“燕洽堂”。后厅为六柱抬梁式构架，金柱为圆梭形柱，下置圆珠复盆础。其他立柱为抹斜角线方柱，上置“三檄”梁架，梁架只设桐柱，只在子孙桁下置有一个木瓜，后厅宽敞而大气，装饰简洁。

老寨——天井与拜亭

德安里中寨占地面积16 286平方米，建筑面积8 171平方米，它与新寨一样为潮汕传统民居“驷马拖车”格局。它以祠堂“治承堂”为主体建筑，“治承堂”原是规模巨大的五进祠堂，后因风水关系改为现在的三进格局。祠堂两侧共有两座“三厅亘”和四座“四点金”，后包一反传统建筑风格，建筑一幢法式二，左右两边的建筑象征着拖车的“马”，这样坐在“车”上的列祖列宗由居住在两边象征着“马”的子孙拖着，轰轰隆隆，从远古走来，家族的兴衰、祖宗的荣耀、子孙的昌盛在这宏大的建筑群体中一目了然。

祠堂“治承堂”建筑面积1 484平方米，面宽28米，进深53米，主座五开间，门楼三开间，立有一对喷水柱，有前、中、后三个大厅。中厅为六柱抬梁式构架，六柱均为方柱，檐柱与金柱下复花篮础，上置方梁架，后天进有一拜亭。立八柱，内为方形柱，外为八角形柱，均有柱础，屋面为歇山顶。后厅也是六柱抬梁式构架，金柱为圆梭形，柱下置圆珠复盆础。其他均为方形柱，上置“三橃五木瓜、五脏内十八块花坯”梁架，祠堂大厅的栋梁均是水桶般粗的杉木，在潮汕地区甚为罕见。

中寨——从中厅看拜亭与大厅

中寨——大厅内景

德安里新寨占地面积 17 400 平方米，建筑面积 12 169 平方米。建筑格局同中寨为“驷马拖车”各种设置相近，在此不再做介绍。

解放后德安里一度成为普宁洪阳县城的教育文化中心。1952 年起，德安里中寨和老寨的祠堂等房屋作为普宁第一中学的校址；1992 年第一中学搬出后，这里成为洪阳初级中学的校舍，最多同时容纳 4 000多名学生，直至2007 年 10 月洪阳初级中学迁往新校址。在这长达半个多世纪的时间里，德安里为社会和国家培养了一批又一批的栋梁之材。2008 年德安里被认定为首批广东省古村落，同年入选为第五批广东省重点文物保护单位。现在德安里已被整饬一新。20 世纪 50 年代建设的第一中学大门，现已作为德安里大门，并悬有国学大师饶宗颐亲笔题写的匾额和“德与山河同万古，安如磐石奠千秋”门联，饶老题写的匾额和门联成为德安里画龙点睛之笔，为这座老府第增添了新的光彩。

4. 资政第（从熙公祠）

潮州有句俗语“砂陇祠堂，下尾沈厝”，极言建筑之精美。砂陇祠堂是指晚清时，马来亚侨领、潮安彩塘镇金砂乡人陈旭年（1827—

1902 年）在家乡修建的“资政第”。

祠堂外观

陈旭年，原名陈毓宜，又名从熙，生于潮州海阳县上莆都彩塘区金砂乡（今彩塘镇金砂乡）。早年丧父，家境贫穷。为了生存，清道光二十四年（1844 年），年仅 17 岁的陈旭年被迫出洋谋生。他被当“猪仔”卖到新加坡，又转到马来西亚彭亨州锡矿场开矿，后得以赚钱还清债务脱离“猪仔”生涯。回到新加坡后，陈旭年以出卖苦力为生，后改为贩布，以沿街叫卖布匹为生。他性格耿直、买卖公道，又年少英俊，谈吐风趣、富有感染力，在直落布雅一带给当地居民留下了很好的印象。后结识马来皇族天猛公依不拉欣的儿子阿武巴加，因而与皇室家族关系良好，为日后事业的发展奠定了基础。清道光三十年（1850 年）陈旭年经营布业获利，转型扩大贸易业务，一方面收购胡椒、甘蜜，一方面他联同章芳琳和陈成宝经营星州、廖内远至马六甲一带的烟酒业务，成为富商。清咸丰三年（1853 年），他着眼于胡椒、甘蜜利益，于是通过天猛公依不拉欣的关系，和陈万泰联名取得了柔佛河一支流叫做武吉伯兰卡的港契，进行甘蜜和胡椒的种植，正式成为柔佛的一名港主。所谓“港主”，是 19 世纪中期柔佛苏丹鉴于甘蜜、胡椒生产给当地开了生财之道，出于繁荣经济和增加税收的目的而推行的一种制度。为了吸引华侨前往开发种植，“港主”制规定每一个进入柔佛开发的人，只要遵守当地政府颁发的法令和条例，并

交纳一定数目的年金、地租和契税，即可领到一张准予开发的地域（时以潮语译音“港脚”相称）的开港证（港契），成为“港主”。“港主”同时拥有经济与司法权，可以铸钱、印钞票、采矿、伐树、买卖烟酒，甚至开设赌场、审押民居等。“港主”制度到1917年取消，历时约80年。清咸丰四年（1854年）他又与林亚相合作，得以向柔佛河的左岸发展，奠定日后新山的垦务基础。清同治元年（1862年）天猛公依不拉欣逝世，他的儿子阿武巴加继承为天猛公。阿武巴加与陈旭年原为旧识，对陈旭年的垦务大力协助。清同治二年（1863年）9月，陈旭年在一周内连续取得柔佛河左岸大片土地的四个港契的港主权，并获得确定1854年两份港契的港主权。至此，陈旭年合计已拥有七条港，跃升为柔南的大港主，成为柔佛州最大的头家，富甲一方。同年9月11日，陈旭年受委为依斯干达布德利，后易名为柔佛巴鲁镇的税收负责人。

清同治五年（1866年），阿武巴加将行政中心州首府的陈厝港迁往新山。新山开埠后，陈旭年在纱玉河西岸开辟市场，后来这条街就被命名为陈旭年街，以纪念他的功绩。同年他创设的广丰公司业务发达，使他成为一名富有的甘蜜和胡椒商人。同时，他继续和别人合作经营在新、柔两地的烟酒生意。1866年，陈旭年一并管辖柔州甘蜜和胡椒的出口以及鸦片的入口。

清同治九年（1870年）陈旭年受到已是柔佛大君的阿武巴加的加封，成为华人社会的最高领袖“侨长”，领资政衔，这是当时华人的最高荣誉。他的声誉、地位和事业，可以说已发展到顶峰，他也是担任侨长职位的唯一华人。自陈旭年以后，就不再有这样的官衔。清同治十三年（1874年）陈旭年又被柔佛州议会委为议员。

后来，陈旭年回到新加坡继续他在新加坡的事业，清光绪十一年（1885年）他在乞里门梭率与槟榔路之间，兴建了一座仿家乡“资政第”的大宅，所有建材与工匠都来自家乡。1974年被新加坡政府列为受保护的古迹，1984年还以它为主题发行纪念邮票，向全球发行。

陈旭年为人乐善好施，爱国爱乡，在祖国遭受严重自然灾害时，他积极响应清政府赈灾号召，为陕西等省饥民捐出巨资。慈禧太后因而赐他二品顶戴，并在他的家乡为他建“急公好义”牌坊。晚年他回归故里，为家乡做了大量好事，对乡亲有求必应，以德报怨，口碑甚佳。1902 年陈旭年因患疟疾在故里过世，享年 75 岁。

陈旭年有四个儿子，他的二公子鼎新曾任江西省南康知府，清廉爱民，为民众爱戴，可惜英年早逝。鼎新之子振贤早年参加同盟会，从事革命运动，1926 年定居新加坡，1935 年出任新加坡四海通银行司理，1937 年荣任中华总商会第二十一届会长。振贤历任潮州八邑会馆正、副总理及新加坡参事局议员、南侨筹赈总会常委以及端蒙、树人等校董事。振贤有子女十四人，其次子翼枢曾任新加坡自由社会党总秘书。陈旭年在潮汕的曾孙陈乾枢是经济学者和历史学者。至今陈旭年已有七代子孙，在潮汕有一百多人，在海外的子孙比家乡的还多，一共有几百人。

功成名就后，陈旭年于清同治九年（1870 年）在家乡兴建“资政第”，告竣于清光绪九年（1883 年），历时十四年，耗资 26 万银元。“资政第”坐东朝西，面宽 37.22 米，进深 42.25 米，是一座以从熙公祠为中心，左右两座“三座落”为主体的三壁联大府第。府第后有后包围护、前有大灰埕、左右有龙虎门、围墙围合而成。后包采用抬高地坪形式，使整个府第一进比一进高，寓意步步高升，一代比一代强。这座大府第，有五个天井、六条从厝花巷（窄天井）、前后大灰埕（庭院），建筑围绕天井、庭院成为院落，再由院落组成一个规模宏大的建筑群。它有呼有应，有聚有合、有大有小、有主有次、有里有外。总之，它组合成一个有机整体，形成恢弘的气势，深邃有律、聚而不乱、分而不散，规整中有变化、变化中有秩序，充满着一种群体的和谐与平衡，是一座规模宏大、功能齐全的潮式大府第。虽然它的部分建筑在 20 世纪初潮汕大地震中已损坏。整体建筑得以幸存，中心建筑从熙公祠基本保存完整，2006 年 5 月被评为第六批全国重点文物保护单位。

当我们沿村道而来，首先见到府第的大灰埕北边的虎门，门楼为石作，屋顶已损坏，门顶悬挂有“资政第”匾额，过虎门为大灰埕，灰埕东边为三壁联主体建筑。正中的从熙公祠前分置一对石雕狮子，两狮作相视状：雄狮戏球，雌狮抚子。这对石狮狮头高昂、鼻大嘴阔、双目圆瞪、头和脚遍布卷毛、既符合狮子的生态，又同整体的夸张相协调，充分展现了潮汕石狮的工艺特点。在潮汕，人们认为狮子在百兽中占有至高无上的地位。石狮成了权势的象征，于是就用石狮代替

镇宅戟戈而登上门前宝座。

“资政第”主体建筑“三壁联”正面外观，通过祠堂和“三座落”正面的长方形与它的从厝侧面“金”字形山墙的圆滑“人”字形垂带过渡变化。变化使建筑的形象丰富多彩，打破了沉闷、平淡的气氛；又舍去了一切不必要的变化，而使整体归于纯正，从而使“资政第”建筑群更加和谐、完美。这种变化与统一，体现了一种高标准、高境界。

祠堂前石狮

从熙公祠建筑平面布局呈严谨方正的群体组合，将厅堂布置在中轴上，其他左右对称布置。同时，将厅堂、拜亭、连廊、天井、从厝、厝巷和后包进行有机组合，通过连廊的连接、厝巷的联系、旁门的串联、从厝的围护而使整体布局显得均衡。这种均衡自然给人以安宁、安全的感觉，使祠堂有庄严肃穆之感，既适合祭祀的礼制，又能满足使用功能的需要。

祠堂三山凹斗门楼

从熙公祠的外观，重点突出了凹斗门楼的处理，抬高了门楼部分屋面，增加了一对垂脊和戗脊，使两坡硬山顶屋面有起伏的变化，形成气势恢弘的艺术形象。凹斗门楼为三门式，中门前置有精美石鼓一对，门首横额刻“从熙公祠”匾额，门楼立一对整石雕刻的起柿花鸡心线四棱檐柱，下有花篮础。檐柱做工精细，磨制得光滑如镜，棱角线条精确相间。柱上横梁悬有剔透玲珑的倒挂石雕花篮，花篮层次复杂，雕工精致，篾条清晰可见。马面梁架装满了各种内容的镂空石雕饰品。螃蟹斗座，用圆雕螃蟹造型，其双螯大而有力，紧夹芦苇，旁衬水草及浪花。此蟹为母蟹，腹甲饱满逼真，似怀卵欲生，足见艺人观察细密，写实风格的雕工之高。龙虾斗座左右有两座，成双成对，一俯一仰，栩栩如生，活泼形象。虾须雕刻精美，刀刻成线，由数道合而为一，旁衬同样有水草，刚中有柔，被雕刻得如此逼真传神，可见艺人构思之巧妙。柱与梁的交接处分别雕刻有鳌鱼和花鸟雀替。鳌鱼是我国古代神话中的瑞兽，其形似龙、好吞火、好风雨，能背负蓬莱之山于海中。潮汕人将它常塑于祠堂梁架下，此鳌鱼一爪紧握书卷，一爪紧握如意。艺人用

凹斗门楼倒挂石雕花篮

凹斗门楼饰满精美石雕梁架

通雕技法，将鱼须于海水雕刻成线状，镂雕精细，玲珑小巧，意在勉励人们要勤学上进，祈望有朝一日能考中状元而独占鳌头。花鸟雀替，取材于日常小景，如白鹭戏荷，取材于乡野荷塘小景：那生势旺盛的仰天荷叶，绽放的荷花，悠闲觅粮的白鹭，使得怎个作品野趣盎然，其雕刻之精细，令人回味无穷。特别是广为人知的嵌在门楼墙上的四幅石雕挂屏，不论是人物山水，还是花鸟虫鱼，都透出一种勃勃生机。其工艺的细腻精美，为晚清年间潮汕石雕艺术之极致，堪称一绝。

门楼南面有石雕挂屏“士农工商”，屏上有25个人物，旁衬有山水树木、亭台楼阁；从上至下，用S形构图，刻画出一幅士农工商的社会生活场景。各式人物的形态、动作、表情都丰富多彩。人物手中的各种用具，如锄头、扁担、罗伞均写实表现，透空镂刻，层次分明。特别是屏中的牧童牵牛，那根紧拉的牛绳有10厘米长，直径只有4毫米，镂空雕刻、绳纹清晰，可见艺人技艺之精，令世人倾慕叹服。潮

汕民间传说的“一条牛索（绳）激死（气死）三个师傅”的故事就是出自这里。

门楼肚石雕——士农工商

门楼北面有石雕挂屏“渔耕樵读”，屏上同样有25个人物，分别刻有驾舟撒网、牧童农夫、樵夫担柴、士子上山、策马入宅、童子拜先生、弈棋等内容。人物神态各异、生动传神，展现出艺人的匠心独运，布局巧妙，能在有限的画面上以通雕的形式表现出这么多的人物、场景。其中驾舟撒网的渔网，网眼疏密有致，网线清晰，令人叹为观止。

正面的“百鸟朝凤”和“鱼虫花鸟”两幅挂屏，造型生动、层次分明、疏密有致、有主有次，可谓极尽精雕细刻之妙。

檐廊梁架，金漆木雕

如果说祠堂的凹斗门楼是石雕的世界。那么走进祠堂里面就是金漆木雕和描金漆画的世界，在这里，祠堂的梁彩绘全部采用五彩和红、黑漆面描金漆画，其下镶嵌着琳琅满目的金漆木雕。这些金漆木雕与众不同的是它较少采用传统的历史故事和戏剧人物，而是大量采用珍禽瑞兽、花果虫鱼以及世俗风情，将世间日常所见所闻雕琢得活灵活现、千姿百态。人们在这里可看到民间艺人的选题非常广泛，不论是狮子、凤凰、飞禽走兽，还是鱼、虾、蟹水底动物，都成为民间艺人的选题对象。同时世俗风情、人间百态也都被搬到梁上加以塑造。更为生动的是将春兰、秋菊、夏荷、冬梅、山茶、芦苇和苦瓜、香橼等花卉果蔬进行雕琢，并将喜鹊、鹭鸶、芦雁、蜻蜓、秋蝉、蚂蚱等穿插、点缀其间。其形象雕琢得尤为细腻传神，花卉果蔬圆润丰盈的质感，鸟儿、小虫活泼自然的动态尽显，展现出一派生机勃勃的景象。这些金漆木雕不仅仅是生动写实，而且再现了现实世界，同时民间艺人将人们在日常生活中最熟悉的一切自然景物、生活习俗、喜好，都通过这些木雕作品巧妙地融汇并表现出来，做到有图必有意、有意必吉祥，借以抒发人们对美好生活的祈盼和对未来前程的祝愿。如苦瓜为蔓生植物，又有结籽多、藤蔓绵长的特点，藤蔓之“蔓”与“万”谐音，被视为吉祥物，寓意万代绵长，民间艺人以之表示子孙繁衍，生生不息。鹭鸶的“鹭”与“路”谐音，“莲花”与“荣华”谐音，将莲花与鹭鸶组成“一路荣华”，寓意吉祥常临、富贵两得。用喜鹊、梅花象征“喜上眉梢”，用三只绵羊和太阳，表示“三阳开泰”，等等。此外梁上的弯板全部艺术化地做成书卷形式，并安排老鼠、花果配在其中，绘上描金字画，处处流露出朴拙天趣，显得寓意深长，独具匠心。在这些木雕上，民间艺人运用浮雕、圆雕、镂空通雕多种传统技法，作品细腻逼真，生动地再现了自然景物的千姿百态，充分展示了潮州木雕纤巧细腻、饱满繁复、玲珑剔透的艺术特色，令人赞叹不已。在这里为了追求美轮美奂、变化多彩的效果，民间艺人还将梁上的彩绘有的用红漆描金，有的用黑漆描金，彼此相间套用，使人们观赏起来既有金碧辉煌又有红黑色彩变化的感觉，给人以琳琅满目、美不胜收的艺术享受。民间艺人通过这细致入微的雕刻和娴熟高超的贴金工艺，把祠堂装点得精致、堂皇，使其具有极高的艺术感染力。祠堂处处可见绚丽斑斓的雕绘之美，从一刻一画、一景一物中，充分展现出晚清潮汕民间工艺的极高的艺术水平。

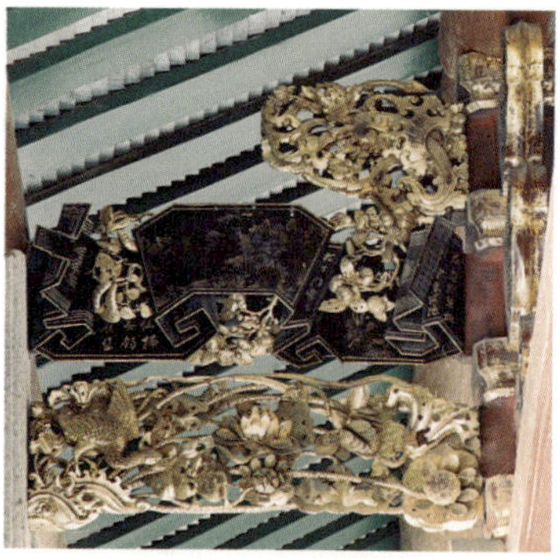

大厅梁架金漆木雕（一）

大厅梁架金漆木雕（二）

大厅梁架金漆木雕（三）

大厅梁架金漆木雕（四）

祠堂的前厅采用前、后檐柱，加上门槛墙和金柱形成“四柱”十一桁柱列式梁架。为了避免人们跨入门内有踩踏脊桁的感觉，将前厅梁架处理为“假屋做”，也称为“双栋”，即使前厅内视的脊桁内移，上面采用抬梁式梁架。拜亭采用内、外四柱，八柱落地，九桁式，用双狮、双凤驮斗。大厅采用六柱落地、十五桁式，中槽为“三橛五木瓜、五脏内十八块花坯”抬梁式梁架，脊下用子孙桁架连接脊瓜柱，加强了上部连接的稳定性，整个构架营造别致、排列有序、结构合理。大厅地面全部铺上精美的大理石板，当年也是相当豪华的设置。整个屋面还镶嵌着富有潮汕特色的精美嵌瓷，拜亭采用博古图案，庑廊用花鸟装饰等。笔者十多年来，多次前往观看，至今还感觉看不够。在这期间，每当前往，常常为之赞叹不已。同时也为祠堂部分精美木雕惨遭偷盗，深感可惜。几年前，维修期间大厅下凤凰飞罩和部分木雕被人偷盗，至今下落不明；2006 年 11 月 29 日凌晨，大门两侧横梁上方左右对称的两条镂空石雕又被窃贼偷走，这是多么令人痛心的事。

笔者在第一时间报料，在《广州日报》刊登被偷石雕照片。所幸的是，在有关部门的重视下，警方于2007年1月侦破此案，成功追回这两条镂空石雕。

拜亭脊饰

潮汕人早年漂洋过海，外出创业，发家之后，讲究叶落归根，如果不回祖上建厝，上对不起列祖列宗，下对不起子孙后代。建祠堂、起大厝，不知是多少人梦寐以求的大事，在当时，成为一种时尚。清乾隆年间，潮汕社会日益繁荣，文化进步、各种各样的民间艺术全面发展，清光绪年间达到顶峰。加上当年主人在建祠堂时不计时间，不惜资费，追求尽善尽美，力求精致豪华，才使今天的我们能看到琳琅满目的金漆木雕和彩绘描金漆画将这座祠堂装点得如此富丽堂皇。那出神入化的镂空石雕装饰更令人叹为观止，从熙公祠的确是晚清潮汕民间建筑的瑰宝。

5. 顺德居

顺德居位于潮安县赤凤镇白莲村，始建于清光绪戊子年（1888年）至清光绪甲午年（1894年）竣工，历时16年，由乡人旅泰华侨刘桂顺所建，是一座规模宏大的大型民居建筑。

顺德居所处的白莲村，地处韩江之东岸，北面与丰顺县溜隍镇隔江相望。该村初名“割布”，创于清乾隆年间，因其村北地形似“美女穿梭”而得名。后来村民认为“布”被“割”之义不吉，清末更名为“白绫”（光绪《海阳县志》），近代改为“白莲”，这两名与“美女穿梭”的地形呼

远眺顺德居

应，释为“美女织白绫（莲）”，皆为吉祥之意。顺德居是该村规模最大的民居建筑群，占地11 500平方米。建筑面积约3 000平方米，水域面积约3 000平方米，花园面积约2 600平方米。它参照潮汕民居“百鸟朝凰”的建筑形式，吸取了客家围龙屋的平面布局和防御的特点，同时还加入西洋建筑的元素和碉楼的设计，使这座豪宅具有规模宏大、功能齐全和防御外来入侵的功能和特点。

顺德居坐东朝西，背倚白莲山，面瞻韩江水，其位置正好处在民间所谓“美女织白莲图”的“莲托”上。全宅五进四从厝，还有一座书斋和两处花园，共有厅房近百间，它的主体建筑是潮汕传统民居“四点金”的平面布局，而总体平面却是客家传统民居“三堂六横二围”的围龙屋雏形（最南向的一横因地界关系，部分尚不完整）。当人们从公路弯入，经村道，首先可见到建筑前部有一个半月形大池塘，左右池尖处各扼以一座碉楼。池之东隔一通道为大外埕，大外埕再往东，即可面对豪宅，首先为围墙和大门楼，大门楼位于围墙中央，为三开间门楼式，上盖单檐硬山顶，中间为凹斗门楼，隔墙上采用增脊，抬高了凹斗门楼屋顶，使大门楼外观高低起伏有变化。大门首横额刻“顺德居”匾额，背携“兰桂腾芳”。走过大门楼，是顺德居外庭院，庭院东边为主体建筑“四点金”的正面和左右花巷凹斗门楼与围护的从厝。正中的“四点金”门楼同样用凹斗门楼，大门悬有“大夫第”门匾，背携“光前裕后”。四周墙壁阴刻有长联，共刻近两百个字，可视作一篇家史、家训，记述着营造“顺德居”历史和主人刘桂顺的“感恩戴德，祈望德泽绵延及后代”的思想。走过大门为“四点金”前厅，前厅是天井，天井上为“四点金”正厅，这里也就是豪宅的中心。经“格仔”、“子孙门”与花巷相通，经花巷可达后楼的藏书楼——克昌书庄，藏书楼面阔九间，楼高两层，前有通长外廊，主座有伸手与前面

主座“四点金”与从厝

主体建筑“四点金”后墙闭合，形成一个既与主体建筑连接，又自成体系的院落，满足不同功能的使用需要。

门楼肚书法石刻

顺德居建筑上按照传统建筑的理念，以潮汕民居为主体，吸取了客家围龙屋的长处，加以糅合，建筑风格有自己的独到之处。首先，它秉承传统建筑对称设计方法，通过对称布局，寻求整体建筑效果。池塘、外埕、大门、前厅、大厅以及穿插于其间的内埕、天井严谨地布置在建筑中轴上，代表至尊与永恒，是家族团结的核心。而其他众多的用房都是秩序井然地对称布置在中轴线两侧和周边，表现出对祖先的恭敬，也体现了尊卑长幼的秩序。其次，它在主体建筑面前布置了方形外埕和半月形的池塘、外埕，它既是豪宅的主要出入口的前广场，也是家族聚会活动和谷物晾晒的场地。半月形池塘，既可养鱼，又可灌溉、洗涤，还兼有消防蓄水池的作用。从空间上看外埕，池塘与建筑一气呵成，遥相呼应，它虽在建筑外，本不属于建筑范畴，却为建筑与自然之间提供了一个中介空间，建筑空间通过这个中介空间延伸到自然的广阔环境之中，有效地强化了建筑的方向感和总体气势。同时，通过一高一低，一虚一实，一阴一阳，构成完美的组合，既满足豪宅建筑空间构图完整性的要求，又有风水意义上的作用，更蕴涵合家团圆美满之寓意。再次，当年建造时处于清末，社会动乱，盗贼四起，建造者将防盗功能和保安功能列入主要考虑，内外设置了四道防盗线，整座豪宅就像是一座封闭的城堡。

顺德居，地处江畔山村，林深人稀之地，要集结众多的工匠营造如此巨大的建筑，诚非易事。然而，当年主人不惜工费，力求尽善尽美，和其他潮式豪宅一样讲究精致，注重装饰，使今天的人们对其精美叹为观止。顺德居外观较朴素，内部却很华丽，大夫第和书斋门楼全部为石作，非常精美，上面有精工雕刻的石雕饰品，有松鹤、海雀等花鸟图案，造型生动，栩栩如生。木雕饰品遍及全宅，主要集中于通廊、檐下，以藏书楼和书斋的最为精美，有象、狮、凤凰和花卉的吉祥图案。

藏书楼走廊梁架木雕

一方山水孕育一方文化，一方土地滋养一方生灵。在潮汕这块古老的土地上，至今仍保留着一大批传统建筑，顺德居就是其中的一座。它以融汇潮汕、客家两大民居建筑精华而独具特色，显示出潮汕人善于吸纳各种文化的秉性，展现了潮汕民居建筑的多样性，反映了当年潮汕建筑技术和艺术的成就以及建筑匠师们的惊人创造能力。

6. 梅康里（梅祖家祠）

提起“梅祖家祠”，笔者就会想起第一次到梅康里与它的主人陈正夫妇结下忘年之交的往事。第一次去梅祖家祠大约是1996年的一天上午。听说潮阳谷饶有一座“花篮祠”，笔者就从汕头骑着摩托车沿潮阳谷饶一路找去，几番周折终于在深洋村找到花篮祠，也就是梅祖家祠。当笔者到达时，一座大气恢弘的潮式建筑出现在眼前。这时，迎面走来一位满头银发的阿伯，笔者便向前问路。老人很热情地告诉笔者这就是“梅祖家祠”。笔者自报家门，告诉老人家：“听说这儿有座花篮祠，适逢休假日前来探路，想看个究竟。”老人家很高兴地说：“看来我们很有缘了，我刚与老伴从潮阳棉城过来。”原来，祠堂是他的祖父建的，他是长房长孙，并带笔者从头到尾参观了一遍，也开始了我们之间十多年的“忘年之交”。离开时，笔者与老人家说：“连年来，在潮汕各地走了不少地方，不论从技术还是从艺术上来讲，这都是一座很令人震撼的建筑。我要另找个时间，好好来拍照片！遗憾的是梁架上由于时长日久积满了厚厚一层灰尘，很难看到细部。”他问笔者如若真的要来拍照片，他叫人来清洗，洗好后再来拍摄。几天后，老人家来电告知，他已叫侄儿找来一部水泵，内外上下已清洗干净，请笔者过去拍摄。随后笔者就赶去，一口气拍掉了十几卷胶卷，仍未尽兴……回汕后，笔者将照片整理编辑成相集，供房主送给在外的儿孙与在海外的其他几房叔孙。随后，笔者按老人家的吩咐将相集送到棉城给他。过后，老人家又从棉城来电，说相集寄到香港，被他细姑“扣留”，留作纪念。老人家没法只能请笔者再帮他做，费用由他自己来出。笔者跟老人家说没问题。后来与老人家协商后，这次做了10本，准备寄给所有住在海外的各房家人，也希望他们能出资来维修祠堂。随后老人家将相集寄往住在法国、加拿大等国的各房家人。从此以后笔者十几年间多次去“梅祖家祠”，每当得知笔者要去梅祖家祠，老人家就会从棉城赶到深洋，将笔者视为自己的儿子热情接待。大前年，当得知他年迈多病，由其儿子接到广州居住后就联系不上了，后来去梅祖家祠才知老人家过世了。至今笔者一直很想念他，他为保护梅祖家祠，耗尽一生心血。

梅康里，位于潮阳谷饶镇深洋村，由民国年间广东都督、粤军总司令陈炯明的结义兄弟陈梅生所建。陈正为其长房长孙，据他介绍，陈梅生早年在汕头经商，创办“柿饼行”，稍后生意做大，北上上海，南下南洋，走南闯北，发了大财。后来他跟随孙中山参加“同盟会”，并与陈炯明、马育航（音乐家马思聪的父亲）三人结为拜把兄弟，由陈炯明掌管政治、军事，马育航负责组织宣传，陈梅生负责军需后勤，一起出来打天下。后因陈炯明提出建立与美国联邦制相仿的“联省自治”，与孙中山政见不合，马育航又在上海遭暗杀，于是陈梅生于1921年回乡购地筹建“梅康里”，至1924年正式动工兴建。“梅康里”规划用地估计有5 000平方米，为“前埕后厝”式，计划建设一座五壁联大厝，前面为大灰埕、照壁、花园，后面正中为祠堂“梅祖家祠”，左右共有四座“四点金”、四座“下山虎”以及其他配套，至1929年陈梅生去世时，尚未建成。后由陈梅生长子陈祖武续建（陈祖武曾任民国时期的普宁县长）至1934年尚未完工，前后历时10年。仅仅是中间的祠堂和左

祠堂外观

侧的两座“四点金”、两座“下山虎”，以及厝前大灰埕、照壁、花园等附属建筑，就耗资10多万银元。至1948年，陈梅生在柬埔寨“过番”的几个儿子事业有成，回乡准备续建“梅康里”，完成先父的夙愿。由于当时为解放前夕，社会动荡，人心浮动，一直迟迟未能动工。随后，他们重回柬埔寨，接着解放后“土改”，“梅康里”收公，分给当地村民，陈氏家族只留陈正的“赤脚妈”在其中一个房间居住，其他均已远走他乡。陈正夫妇在汕头聿怀中学读书，思想进步，参加革命。因而，解放后留在潮阳，因家庭关系，历尽波折。20世纪70年代，柬埔寨爆发“红色高棉”运动，陈氏家族在柬埔寨受到清洗，财产充公的充公、散失的散失，家族人员死的死、跑的跑。幸存者全部逃离柬埔寨，最后侨居法国、加拿大。20世纪80年代后，中国落实华侨政策，由陈梅生小女儿在中国香港出面，侨联帮助讨回“梅康里”，并出资进行简单的清理修缮，随后一直由陈正进行看管维修。

“梅康里”的“梅祖家祠”祠堂面宽21.94米，进深28.8米，建筑面积632平方米，分前、后两进。前进五开间，前、后进中间为大天井。大天井两侧为南北厅，南北厅左右各有两个房间，后进大厅前有一拜亭，后进也采用五开间，中间大厅三开间，大厅两边各有一间大房间，房间前各辟有一个小天井，小天井有门与大厅和南北厅相通。祠堂安排配置了四个厅堂、八个房间、一座拜亭、三个天井。它的平面布局，采用类似“四点金”的方形为基础的九宫格式，中央为天井庭院，四正为厅堂、四维为正房，形成“回”形中心对称格局。在此基础上，再沿纵、横两个方向扩展，纵向增加南北厅四间房，横向前、后大厅加宽。它的最大特点是以天井（庭院）为中心，上下左右四厅相向朝向大天井，形成一个纵横相交的“十字轴”空间结构，俗称四厅相向格局，也称“四厅汇”。这种格局，布局严谨、规矩方正，中央与中轴讲究对称、主次分明，整体安排井然有序，上下左右呈合力之势，具有内聚性，体现了祠堂藏风聚气的凝聚力。

梅祖家祠外观古朴、大气，整个前进建筑除两面山墙外，全部为花岗岩石构件砌筑安装而成。所有花岗岩石构件均模仿木构件形式，仿木构造用榫卯连接和加固，形成了一个非常坚固的石结构。祠堂凹斗门楼三开间、三门式，石壁肚起线、开光，门框也起有圆弧线，磨工精细，光洁照人。马面梁架有人物故事、宝瓶石雕装饰，梁下原有

从前厅看天井与大厅

祠堂大厅内景

一对双面镂空石雕饰品，艺人采用镂通雕为主和浮雕相结合的手法，在坚硬的青石上雕出，一个葡萄藤蔓缠绕的回字纹骨架上，一群老鼠在结满荔枝、葡萄丛中偷吃果实，每只老鼠动态各异、生动有趣。这件石雕构图匠心独运、疏密有致、层次分明、技艺精湛，充分表现出潮汕石雕通透、精致的工艺特色。更令人叹为观止的是祠堂六个倒挂石雕花篮，每个花篮高约30厘米、直径20厘米，用一块青石雕成。据说当时主人陈梅生为了展现潮汕石雕技艺，专门请被誉为石雕之乡的潮阳泗美村石雕名匠庄来成等六人雕刻，每人工钱2 000银元，雕刻最好者还有标尾额外奖励，奖金还不止2 000银元，可见当年主人为了达到尽善尽美，不惜资费。现在我们还能从残存下来的五个花篮看到，花篮的篾条清晰可见，花卉形态多姿，人物神态活灵活现、惟妙惟肖。据介绍，雕刻一个花篮，时间长达一年多，雕刻时大小铁锥用了30多支，最小的只有铅笔芯大，还要伸进“篾缝”到内面雕刻，其难度之大，不言而喻。其中前厅的一个倒挂石雕花篮、门楼的一块双面镂空石雕和拜亭梁架上的一个倒挂木雕花篮，已分别于1952年和1959年被北京故宫博物院和有关部门收藏。遗憾的是祠堂剩下的五个花篮全部残缺不全。上面所讲的双面镂空石雕、倒挂石雕花篮，在民间被石雕艺人称为“打巧”，而将建筑构件的石刻，如门框、柱、柱础、台基栏板等称为“打平直”。在梅祖家祠，艺人“打巧”技艺令人惊叹，而“打平直”技艺也一样精彩，令人叹服。单就祠堂各式各样的精美石柱，我们就可从中看到端倪，整

座祠堂共有四十六根石柱，门楼有一对整石雕刻的檐柱，柱为狮脚花篮础，八花瓣形柱身，花瓣阴角起有圆弧线，在舒缓的凹凸起伏中勾勒出檐柱的轮廓，形成弧线对比和阴阳层次变化，突出表现檐柱圆润、柔和的特点。前厅采用一对八花瓣梭形金柱和一对起柿花鸡心线四棱檐柱，它们都有花篮础。一刚一柔、一直一梭，在造型上、形式上均给人以和谐与协调的艺术享受。拜亭共有八柱，内方外圆、四柱都有花篮础，以方圆对比，刚柔相济，在方与圆中求变化，追求和谐，显得温和内敛，大方安稳。大厅明间有四根金柱，用八棱梭柱，八棱形花篮础，起有装饰线和纹饰，前后配上方形边柱和檐柱，显示出优美饱和的造型和典雅大度的气质，突出大厅至尊的位置。纵观这些圆形、四方形、花瓣形、梭形等各式形状的石柱，加上各式各样形状的花篮础和柱头刻有的纹饰，人们可看到艺人通过打坯、打剥、粗凿、作细、斫口、斫细、磨光等工艺，令顽钝坚硬的石头在刀凿之下变得柔顺又有灵气。这些精美石柱全部用手工打凿，做工精细，圆弧曲线、棱角线条精细相间，并且磨得光滑如镜，真是令人叹服！

大厅构架

门楼整石雕刻石柱与梁架石雕饰品

祠堂前进采用檐柱，门槛墙、金柱和后檐柱“四柱”十一桁柱列式梁架，中槽用三抬梁式梁架。拜亭采用内方外圆内外各四柱、八柱落地、七桁式。大厅明间、次间均采用六柱落地、十五桁式，明次间中槽均采用“三橼五木瓜、五脏内十八块花坯”抬梁式梁架，祠堂大厅明、次间用四榀抬梁式梁架，在潮汕各地祠堂是非常少见的。加上当时梁架上木雕尚未完工，只施髹红漆未贴金，为我们留下了一个非常独特的建筑梁架。这些梁架上一共有300多块木雕饰品，拜亭主要选用祥禽瑞兽的题材，有双狮驮斗、狮子戏球、蟹篓和倒挂木雕花篮，下有五龙教子。龙为神灵之精，四灵之首，不仅能水里深潜，空

门楼精美石雕

拜亭梁架

中飞翔，地面行走，而且能短能长，能细能巨，能幽能明，无所不在。一般相信龙能御天，云行雨施，降福人民，保国泰民安。这里两边双龙出海，龙身转折流畅，对视中间小龙；波涛汹涌的海浪上，小龙昂首前视，在双亲的呵护下，开始自己的人生，亲情流露无遗。整块木雕画面充满勃勃生机，光明无限，也象征着有子传承，希望无穷。另有神仙人物旁衬，人物举手投足惟妙惟肖，可见当时工匠技艺已达到炉火纯青的境界。拜亭梁架狮子数量最多，形象最为生动。狮为万兽之王，而“狮”与“师”也同音，古时太师是“三公”（太师、太傅、太保）之首，少师是“三少”（少师、少傅、少保）之首，故取

大狮、小狮的形象来做象征，以此祝人居高官、飞黄腾达。同时它们壮硕雄健，脑门、鼻子、眉目等部分都被夸张地拟人化，仿佛阔大的前额包藏着人的智慧，高高的鼻头吞吐着人的鼻息，鼓凸的眼睛散射着人性的光芒。通过拟人化的刻画突出了狮子的憨态，使人们平常所感觉到的那雄强威猛的形象似乎变得温厚可亲，从而使它成为美好的、让人身心愉悦的吉祥物而高悬在梁架上。大厅明间的梁架原来常用的木瓜已被细腻繁复的圆形木雕饰品所代替，瓜柱也做成宝瓶的形状，这些都取材于历史传说、戏文故事的人物，每幅画面中表现出的人物数量、体态及其置身环境的景物都有一定的程式化，故显得严密而规整，反映出艺人吸取传统文化营养和着力表现题材的内容，这也从一个侧面生动地反映了主人诗书传家的期盼。大厅次间的梁架却按传统的木瓜形式，并配上果蔬加以装饰，以示与明间有主次之分。通过这些木雕人们可领略潮州木雕极尽精致的工艺特色。

拜亭木雕狮座

梅祖家祠，屋面嵌贴着富有潮汕特色的花鸟鱼虫、龙虎狮象等内容的嵌瓷，栩栩如生。它与祠堂里面的300多幅精致木雕和100多件精美石雕构成一个非常精致的装饰空间，这些装饰构思巧妙，雕镂精细，都是很难得的潮汕民间艺术品。

祠堂大厅后槽梁架

梅祖家祠展现给人们的还远远不只是这些，笔者十多年来多次前往，感触很多。在这里，人们可品味天井（庭院）的自然美与厅堂的人工美相互结合的意境，光线的明与暗，环境的动与

静，色彩的浅与深、门户的开与闭、露与藏等对比手法，构成了极富韵律的空间过程。在雨天，人坐在廊下或厅内，看檐头瓦口滴水如注，似珠帘张挂，淅淅沥沥的雨水声，配上流水行云的潮州弦诗，此情此景是不能用言语或笔墨描述的。

脊饰与嵌瓷（一）

脊饰与嵌瓷（二）

脊饰与嵌瓷（三）

在这里人们从厅堂、天井的大空间、建筑的大尺度似乎可看到主人早年走南闯北时虚怀若谷的气度，空间局部建筑细部处理得精致、细腻、缜密，可见主人做事滴水不漏，极为认真的人生态度。陈梅生的确也是这样一个人，据陈正夫妇介绍，当年深洋村周边两个乡村发生纠纷，发展到双方发生械斗，打死村民，还互不服气，正酝酿更大规模的械斗。有人跑来告知陈梅生，希望仗着他的威望做个和事佬，出面调停双方的积怨，平息事端，制止械斗。陈梅生认为双方乡里乡亲，不能无休止地斗争下去，此事一定要迅速解决。他马上找来村里老大，告诉他对方请他出面调解纠纷，希望能给他面子，双方乡里乡亲，应和睦相处，消除积怨。一开始村里老大还不服气，认为对方打死乡人，要对方偿命。陈梅生与老大讲：“你们同样也打死了对方乡人，如若对方同样提出偿命，那这样是无法解决的。人死无法复生，还是让对方做些赔偿，这样就可以了。你们既得到赔偿又有了面子。”后来他们协商后同意这个办法，提出要支付一笔赔偿金，陈梅生满口应承，约定双方从此和睦相处不再生事。后陈梅生又到另一个村，按同样方法说服大家，分析利弊，坚持必须和平相处，消除积怨。这方也最终提出赔偿金，陈梅生也满口应承支付赔款。最后，双方都以为拿到对方的赔偿款，感到很有面子，也就息事宁人了。此后，当他们得知其实双方根本没有支付对方的赔偿款，全是陈梅生自己掏钱支付时，大家都非常感动，纷纷前来道谢。陈梅生跟他们说，“大家乡里乡亲，相处一方，这是缘分，理该和睦相处，不能挑起事端，发生械斗，危及乡里乡亲，大家今天能消除积怨，和睦相处，我也高兴。钱是身外之物，无所谓，我乐意出”。他的言行最终感动两村村民，成为美谈。据陈正夫人叙述，新中国成立后，她在这些乡里教书，每当人们知道他是陈梅生的孙媳妇都会热情接待，并提起当年陈梅生所做的好事。陈梅生在处理日常小事时也非常独特，为人们所称道。相传有一天，佣人捉住一个小偷，带来见陈梅生，他问小偷：“你好面好壳，又好脚好手，为何要做贼?”小偷答：“阿爷，肚困无好食，死都敢。”陈梅生听后唤来佣人拿了些米和一些钱给他，并非常严厉地对他说：“你肚困无好食，应来跟我说，不能做贼偷东西！这些米和钱你拿去，从今以后要好好做人，不能做贼，我会叫人跟着你，有朝一日你再敢做贼，我一定叫人打断你的脚骨，绝不手软。”说罢便放他走。后来，小偷也不敢再做贼了。从这件事上人们可看到陈梅生的确是个不平常的人。

梅祖家祠前面为宽阔的大灰埕，对面有照壁和花园。20 世纪 80 年代花园里还有一个碑亭，是为了纪念在柬埔寨去世的陈正的几位叔父而建立的。“土改”时，这个花园被分给村民，建了十八个厕缸。归还后，陈正请人清理，重新恢复。原来这里还有一口井，水质极佳，他根据记忆，在大概位置重新打井，还专门将井里的水装罐送到汕头检测，检测结果显示这口井里的水质优良，各项有益元素均达到和超过直接饮用水的标准。在梅祖家祠，老人曾专门用此井水冲茶请笔者品尝，茶水水质甘甜，色香味均佳。

祠堂左侧的两座“四点金”和两座“下山虎”均为居住用，因为陈梅生的子孙都在外，基本是空置。建筑虽没有祠堂那么精美，但其做工也是很讲究的。

在当年营造这样的一座规模宏大的建筑，的确有相当大的难度，单从祠堂所用的石材来说，当地没有这种石材，全部都是从外地采购，经水路运至榕江边，当时深洋村与外联系只有很小的乡间小道，要搬运这些巨大的石材，谈何容易。然而主人不惜代价，用最高的工价，选用最好的搬运工，无路开路，遇水架桥，将这批石材从几十里外的榕江边用人力运至深洋村，至今村里人谈起这些往事还津津乐道。

梅康里是一座布局严谨、恢弘大气的潮汕传统建筑，又是集石雕、木雕、嵌瓷等潮汕民间艺术精华于一体的“民间艺术宫”，堪称民国年间潮汕传统建筑的代表作。

7. 张氏旧家

张氏旧家，位于潮州市意溪镇，人们从该镇的坝街弯入宫仔巷，就能见到它。它是一处五开间类似传统的潮式“四厅相向行偏门”格局的宅邸建筑。

张氏旧家临街巷有一个灰埕，大门朝东，为一凹斗式门楼，门上悬有题字“孝发家风”的匾额。走过大门进入门厅，可见到位于这座大厝中央的大天井。门厅对面有一花厅坐西朝东与之相向，天井左边为大厝的下落厝，坐南朝北、五开间、四房一厅、中间为厅，俗称“下厅”；天井右边为大厝的上落厝，坐北朝南，与下落厝相向，同样是五开间、四房一厅、正中为大厅，俗称“上厅”。由于门厅与花厅、下厅与上厅相向，同时都朝向天井，大厝大门从一侧而入，它类似民间俗称的“四厅相向行偏门”格局。这种格局尽管大门从一侧而入，但整座大厝都是按传统建筑采用的纵横两轴线对称布置，平面布置“中规中矩”。建筑采用“外封闭，内敞开”的形式，表现出不求外显而求内涵的特点。居中的天井种植有果树、翠竹，两边安有花架，放有花盆、莲缸，花盆里种满了荷花、海棠、兰花，给人以回归大自然的清净而幽香的感觉。在这里不论是一树一木，还是一花一草，处处洋溢着欣欣向荣、生机勃勃的自然情趣，人工建筑与大自然紧密融合，形成一个有机的内向环境。天井作为室内外有机不可分离的中间场合，又是各厅堂、房间连接的空间枢纽，有着延伸室内空间的作用。实际上天井本身也成为一种露天的厅堂，突破了由于整座建筑四周房屋围合所带来的封闭感，形成了建筑内部东南西北都有房屋的一个理想的内向型生活空间。上天井具有布局严整、内部开敞、采光明亮的特点。在这里，长幼有序，各居其室，作息方便。在实际生活中，它可以开放，也可以私密；既和外界有所区别，又能满足大家庭使用的需要，使人置身于其中时有一种雅静舒适的感觉。

主座与大厅

天　井

张氏旧家在建筑上突出了厅堂作用，厅堂作为整座建筑活动中心，又是家庭内部沟通以及家庭与社会交流的场所。它以中正宽敞、高大明亮为主要特征，体现的不仅是一种做人的道德追求和行为准则，同时也是一种文化素质和审美追求的显示。这里大厅至今还悬挂着一块由历史名人题写的古牌匾“勤诚堂”。此匾金底黑字，长为200厘米，宽为80厘米，这块牌匾有它不凡之处，牌匾落款是“朱汝珍书”及“甲辰科榜眼”大印。据建筑现主人、现年已80多岁的张智雄医师夫妇介绍：该匾为张医师家父秋澄医师倡立，立匾时间为“岁次己巳孟冬”，即1929年（民国十八年）。当时他为了选出好的墨迹，曾找过三四个书法名家挥毫，相比较之后还是选中朱汝珍题写的。朱汝珍是清朝甲辰科榜眼，据书载，甲辰是1904年，即清光绪三十年，

大厅牌匾

甲辰科是清朝科举最后一届，朱汝珍是广东清远人，清末的名人俊彦，今潮州西湖“处女泉”尚存他题字的碑刻。潮阳沙陇著名旅泰侨领郑午楼的祖居门楼也留有朱汝珍题写的楹联。据张医师介绍，他听父亲说，当时朱先生写上“勤诚堂”三字时是铺上四张黏接好的大白纸，于接纸之间下笔。朱先生提起大狐笔，饱醺墨汁，运足力气，一挥而就，力透纸背，笔画没有挥后的加工。当时朱先生还为家里写了一幅 130 厘米 ×70 厘米的大“寿”字，一幅中楷“朱子家训”润笔合 100 银元，可惜余下两幅已流失。

从朱汝珍“勤诚堂”三字看，直观上是落落大方、端正沉着、持重。据书法行家说：“几个大字结字不苟、笔笔有法，转折关头圆劲流畅。可见临池不辍、造诣殊深。”足见朱汝珍先生在书法上的内功。能够保存他题写的古牌匾，是相当难得的。

在大厅牌匾下还保存有金漆木雕的花鸟图案挂落，挂落构思巧妙，造型生动，各式花卉千姿百态，小鸟活灵活现，充分展现出潮州木雕纤巧细腻、饱满繁复、玲珑剔透的工艺特色。

张氏旧家虽是一处民居，但由于主人世代行医，广交朋友，文化素质、艺术品味高，在营造自己的家园时吸取了建筑艺术和民间工艺的精华，为人们留下了一处很有价值的宅邸。

8. 莼园

莼园，位于广东省潮州市下东平路 305 号，建于 1930 年，是国学大师饶宗颐老先生的故居。

当人们来到这里，可见到一座西洋装饰风格的凹斗门楼，门楼朝西。走过门楼，是莼园的宅第，首先是宅第门厅，门厅后是宅第大天井，天井种有莲花、柑橘、石榴、花草等植物，呈现出一派春意盎然的景象。天井右边为宅第下落厝，坐南朝北，一厅两房、中间大厅，俗称下厅；左边为宅第上落厝，与下落厝相向，坐北朝南，同样一厅两房。正中的大厅为宅第的中心，俗称上厅，也称正厅。门厅对面是一落从厝，坐东朝西，从厝厅也面朝天井，形成四厅相向，它们都是面向天井。由于宅第大门没有设在宅第中轴线上，而是设在西面，从厝厅而入，潮汕地区俗称这种形式的厝局为“四厅相向行偏门”格局。

宅第上厅内景

天啸楼——底层走廊

天啸楼——客厅内景

走过宅第，就是藏书楼——天啸楼，该楼为两层小洋楼，前、后设有宽敞走廊，在南面两边有通廊与前面宅第围成另一天井。天啸楼当年收藏古今中外各种书籍达十多万册，在当年可算是潮汕地区最大的藏书楼。饶锷先生自作一副对联概括自己的一生：“卅年入世、卅年涉世、廿年玩世、世事饱经，老来厌谈天下事；藏书万卷、读书千卷、著书百卷、书生结实，闲来学种故侯瓜。”天啸楼设计典雅，厅堂宽敞明亮，门窗全部采用从西洋进口的彩色雕花玻璃，这些雕花玻璃材质优良、用色鲜亮，颇为耐看。

尽管由于场地限制，莼园正门是从一旁而入，但它的总体布局还是遵循等级严格的儒家之“礼”，强调“尊者居中”。其平面作中轴对称均齐布置，沿中轴设置下厅、天井、上厅、后天井、天啸楼以及园林庭院、饮光阁。同时，在天井、庭院四周，绕以其他配套建筑，其间最注重者，是中轴线的成立，一切组织均根据中轴线发展，其部署秩序均为左右分立，因场合庄严适于礼仪，这一切至今还基本保存着。

如在上厅里，长案放在正中，前设一方桌，两侧各配置两套太师椅，正面墙壁挂上中堂画，其旁列有对联，在两侧墙上的左四画右四字皆以屏条形式陈列。这些均保持传统的厅堂陈设，展现出深厚的人文居家文化底蕴。

天啸楼的东面、北面为莼园园林，坐北朝南的饮光阁与天啸楼相对，中间是一个开阔庭院，四周有一组精致的杂锦门与周边联系。庭院右边有一八角厅，八角厅四周有檐廊；该厅屋面设有平台，用室外蹬道顺道而上，登上平台，平台中间有一方亭，可俯视周边景色。八角厅东面是一个水庭，该庭内面积较小，但桥亭、假山、水池、花木一应俱全，布局紧凑、景色丰富多彩。八角厅是这里园林的一组非常关键的建筑，首先，它既是园林的观赏点，又是一个园林景观；既是休息场所，又是一个生活空间。在这里，它的西面为庭院园林，东面为水庭假山、桥亭，起着分隔景观的作用，通过它划分出两个不同空间，再由它和一组杂锦门连接，使景观有开有合，有虚有实，空间相互穿插。通过采用“对比”、“衬托”的手法，增加景观层次和深度，达到疏密相间、明暗交替、封而不闭的效果，给人们以曲径通幽、柳暗花明的艺术享受。

从庭园看八角厅

莼园地处闹市，在嚣尘之际，却辟出一方“静域”，它四周围以高墙，里面堆山凿池、植草、种花，建造楼阁亭台，来一个“闹中取静”，于咫尺之地营造出一番山水真趣。在这里，人们看到当年主人所追崇的是恬淡、宁静、安逸、自适与陶然，营造的氛围可以用一个“静”字概括。从以上这些可看到当年主人营造园林时，在吸取江南、苏州园林精华上，下足了工夫，使今天的人们能见到潮汕地区为数不多的精致园林。

莼园以潮汕宅第为主体，结合西洋建筑形式的藏书楼，配置了庭院、园林。整座豪宅构思精巧，意境独到，通过建筑、庭院、假山、

桥亭、池水、花木所组成的景色与空间，形成了一个完美的艺术整体，是古城潮州一处非常别致的私家豪宅。

从莼园走出去的饶宗颐老先生被人们称为“北钱南饶”（北有钱钟书，南有饶宗颐）与“北季南饶”（北季指季羡林），是当代中国最负盛名的国学大师。饶宗颐，字固庵，号选堂。1917 年 8 月 9 日出生于潮安县，饶家当时既是潮州望族也是当地首富。父亲饶锷当年也是饱学之士，深厚的家学渊源，熏陶出了一个天才少年。饶宗颐 6 岁开始学书法绘图；8 岁就读于潮州城南书院；9 岁时已能阅读《通鉴纲目》、《纪事本末》等古籍；10 岁便能诵《史记》，历阅佛典经史和古代诗词曲赋；11 岁师从画家杨栻学习绘图山水、花鸟及宋人行草，名家法帖；16 岁时，就已出口成章、技惊四座了。莼园“画中游”的廊门两侧的对联“山不在高，洞宜深，石宜怪；园须脱俗，树欲古，竹欲疏”就是饶宗颐 12 岁时写的。

16 岁时，他父亲饶锷去世，倾注饶锷一生心血的巨著《潮州艺文志》尚未完成，17 岁的饶宗颐毅然接过了父亲未竟之事业，旁征博引，拾佚钩沉，完成了长达五十六万字的巨著《潮州艺文志》。饶宗颐 20 岁时被中山大学聘为研究员，当时国难当头，日军南侵，中山大学迁往云南。在去云南的路上，饶宗颐大病一场，只得停下来在香港治病。他的才华被当时在香港的著名学者王云立和叶恭绰看中，没过多久，饶宗颐被香港聘为中文系教授。从此，饶宗颐到了一个新的知识天地，根据饶老自己的归纳，其著述可分为“敦煌学”、“甲骨学”、“词学”、“史学”、“目录学”、“楚辞学”、“考古学”、“书画”等八大门类。此外，他在音乐、文学、宗教、语言文学等领域也卓有建树，笔耕七十多年，著有三千万言。他懂八种文字，其中包括被当地人视为天书的巴比伦古文和印度梵文，成为著作等身、学贯中西的大学者。早在 1998 年 7 月 1 日，国学大师饶宗颐先生就获得了香港特区政府授予的最高荣誉——大紫荆勋章。2006 年潮州政府为表彰乡贤，将原有的饶宗颐学术馆扩建成一座颇具潮汕特色的园林——颐园，作为饶老九十大寿的贺礼。

随着时间的推移，饶家老少陆续离开潮州。莼园在 20 世纪 50 年代被新加坡华侨黄景云买下，黄景云的侄媳妇陈婉华全家现在正继承祖屋居住在这里。正是陈婉华一家的小心呵护，尽管经历几十年风雨的洗礼，莼园显得有些苍老和破旧，但仍保留了原貌，使今天的我们还能从中感受到前人精心营造的艺术氛围，品味其独特的韵味。

9. 通祖家塾

通祖家塾，位于澄海区隆都镇福洋村邗沟去墘，建于1934年，由旅泰华侨潘植青所建，家塾主体建筑为五间过叠楼，左右有花巷和围厝，是一处恢弘大气又典雅的潮汕传统民居建筑。

俯瞰家塾

人们经乡间小道来到这里，可见到家塾坐西南朝东北，门前有一小溪流作为过堂水，小溪上架有一花岗岩大石板作一石桥，为家塾出入口。外围墙正面有一大门，因风水讲究，挪了一个角度，偏向东向。走过外围大门是一宽阔的旷埕，旷埕南面为家塾主体建筑和两边花巷凹斗门楼，左右两侧为两层伸手围厝围护，形成一个封闭的大空间，伸手围厝首层有门楼与外界联系。主体建筑为五间过叠楼，面宽19.56米，进深19.0米，门楼为凹斗门楼，门上嵌有“通祖家塾”匾额，两侧墙壁嵌有从西洋进口的瓷砖装饰。上部原有传统灰塑装饰，现已大部分损坏，凹斗门楼上有一凹阳台，嵌有“烟云走笔仙人篆，花鸟窥廉学士诗”楹联。主座两侧的两座花巷凹斗门楼墙壁上同样嵌有西洋进口的瓷砖装饰。走过主座大门为前厅，前厅装有屏门，它在前进的前厅，也称“前进屏门”，它的作用是遮挡门前过往的人流视线，不致使宅院内一览无余，起藏拙作用，确保宅院内的私密性。前进屏门可开可闭，一般除去宅院中有婚、丧、嫁、娶等重大仪式时需将屏门打开外，其余时间屏门都是关闭的。在这里，前进屏门是人们进入宅院的第一视觉中心，主人营造时很注重屏门的修饰装点，屏门的腰板用浮雕，裙板用阴刻花鸟装饰图案，上部花心用通雕博古花卉木雕并上金漆，制作得华丽考究。前进为五开间，一厅四房，中间为厅，两侧各有两个房间。过了前厅为主座宅院的大天井，主人种了一院花草，一年四季这里不是绿荫葱茏，便是姹紫嫣红，使有点破旧的天井在古拙之中更添雅致。天井后面为主座后进，同样为五开间，一厅四房，正中为家塾中心大厅，厅前有八扇格扇门，其下阴刻有博古花卉，上绘有历史故事绘画。大厅里安有家神龛，凸显它的至尊位置。天井两侧为厢房，沿天井四周设有檐廊，通过“八尺”、“子孙门”与花巷联系，形成一个非常合理的平面布局。在厢房旁各有一曲尺形楼梯上二楼，二楼沿天井四周设有走廊，走廊设有栏杆，前后用手绘各种花卉图案的方形陶瓷花瓶装饰，左右用绿色琉璃花瓶装饰，非常典雅。二楼平面布局基本同首层一样，前、后厅堂各装有八扇格扇门，后厅八扇格扇门上部花心全部装有通雕的金漆木雕花鸟图案。

前进屏门

从二层走廊看石座

纵观整座家塾，人们可看到整座建筑是在潮汕传统建筑五开间的二落二从厝的基础上叠楼而成，尽管由于受到日本侵略潮汕的影响，外围部分从厝未建，但从整体布局上看，它由主座和附属的花巷从厝围合而成，是一座功能设置齐全的潮式建筑。它依据中轴对称的格局进行布局，沿中轴线设置厅堂，左右对称设置房间和其他用房，突出主座建筑宽大敞亮，气势庄严。主院落有很强的

二层走廊方形陶瓷花瓶栏杆

综合功能，满足主人举行重要礼仪活动的公共场地的使用，展现出平面格局构图完整、组合有序、主从明确的特征。从以上这些人们可看到家塾是一处恢弘大气、精致典雅的潮汕乡土民居建筑，通过它可看到潮人追源报本、光宗耀祖，追求精美、细致，知足常乐、悠然闲适的民性。通祖家塾是一处难得的近代潮汕乡土民居建筑。

10. 思成大厝

“思成”是一落大厝，位于澄海莲下潜溪村，建于1939年，由乡人旅外华侨黄建思所建。它是一落以潮汕传统建筑“四点金”为主体的二进二从厝，是前有池塘、旷埕，四周有围墙围护，自成一统的功能齐全的大型潮式传统民居。

思成大厝，坐东朝西，前面挖有一方清澈的池塘，池塘边设有护栏。池塘东边为大厝的外围墙，中间有一门楼式单檐围墙大门，顶盖歇山顶，门上嵌有“宋泽遗芳”匾额。走过围墙大门，可见到一个四周由墙和建筑围起来的大旷埕，旷埕宽敞，主人种了一院花草，顿使空间幽美。同时这里也是主人举行崇天敬祖、婚丧、嫁娶、重大仪式、宴客典礼等活动的场所。旷埕东边是思成大厝的正立面，正中为主体建筑“四点金”正面，左右两侧为花巷凹斗门楼和从厝“金”字形山墙。主体建筑“四点金”的凹斗门楼，门首横额正面阳刻“江夏旧家”；左右有“百世鸿图鼎新华构贻谋远，千秋大厦丕创模猷裕后深”楹联，门楼四周墙壁还有“父子凤毛济美，孙曾麟趾呈祥，地势山环水绕，门前气聚风藏”，“宝氏胞同五桂，王公手植三槐，正诗彩衣庭舞，又见画锦堂开”等门联。左右花巷同样有凹斗门楼，只是规格略小一些，门匾分别为“毓庐”、“思轩”，四周墙壁同样有门联。这三座凹斗门楼，除门框石作外，全部用西洋水泥做成的彩色水磨石，在当年，民间一般称水泥为“洋灰”或“红毛灰”。水泥作为新兴的建筑材料，进入潮汕地区大约是三十年的事，作为开埠城市——汕头，

俯瞰思成大厝

大厝门楼彩色水磨石门联

在1918年才开始用水泥营造建筑，用水泥做彩色水磨石，也只有建于1932年的南生公司和建于1936年的永平酒家等当年最高档的装修豪华的大型公共建筑才采用。在这地处偏僻的乡间，就用水泥来做彩色水磨石，的确是相当难得的。在这里工匠利用套色嵌入对联、劲竹和其他装饰图案，做成一个装饰艺术空间，可见当年工匠与时俱进、洋为中用，善于将中外艺术之长融合在自己作品中。这三座凹斗门楼，别具一格，很有特色，为今天的人们留下了一个集文学美、书法美、雕塑美和工艺美于一身的艺术空间。

走过门楼，是前厅，前厅左右各有一前房，过前厅是天井。天井两边为南北厅，南北厅前后有格仔（八尺），有子孙门与花巷联系，天井上为大厅，大厅左右同样各有一房间，称为“大房”。这是一座典型的潮式建筑“四点金”格局，它的平面为九宫格形式，中央为天井庭院，四正为厅堂，即前厅、大厅、南北厅；四维为房间，即两个前房、两个大房，形成了“回”形的中心对称格局。在这基础上思成大厝再向左右展开延伸，各设有花巷、从厝和外围厝巷。从厝五开间、一厅四房，拱护在主体建筑“四点金”左右，形成了一落以“四点金”为主体的二进二从厝。最后四周用围墙围护，并在后面留出一块空地，原计划将建后花园，后因日本侵略潮汕，因而未建。总体而言，思成大厝以建筑围绕庭院（天井）向心而筑，向外建筑不开窗并有围墙围护，具有“外封闭”的特点，对外只有一个围墙大门出入，关起门来自成天地，其布局有一种安全感和领地感。向内所有厅堂、房间都向庭院（天井）开启门窗、采光通风，又具有“内开敞”的特点。总之，这里是具有很强的私密性和温情舒适的居住环境。思成大厝还有明显的中轴线，并按中轴线从前到后，由围墙门楼、旷埕、主座凹斗门楼、前厅、天井、大厅组成纵向递进式贯穿组合的空间布局。同时，将不同功能的建筑和不同形式的六个庭院即旷埕、天井、花巷、厝巷安排在一起，按虚实交融、虚实相生的空间序列有层次地展开，使室内外空间互相依存、互为补充、互相渗透。建筑空间与自然空间又相互交替、巧妙穿插、融为一体，从而使整座大厝成为变化有致、有自然景色又情景交融的生活居住空间环境。设置的六个庭院也使大厝避开了大面积的日晒，获得更多阴凉，改善了通风，满足了适应夏季炎热气候条件的需要。

大厅前

为了突出大厅在大厝的位置，大厅在平面位置上正对入口，装有可装可拆的八扇格扇门，格扇门花心用锯通雕托地，面浮雕有唐代著名诗人王勃的千古名作《滕王阁序》。其门制作精致考究，造型典雅，彰显深厚的文化底蕴。大厅里原装有一座精美的家神龛，体现它在大厝里的至尊位置，可惜的是龛面已损坏，饰面的金漆木雕全部被人拆走。但龛内还存有“八仙庆寿”、“醉翁亭记”、“滕王阁景”三幅描金漆画。这些描金漆画，以山水、亭台楼阁作题材，笔触精致、工整秀丽、层次丰富、金色亮丽丰润，尤显大方凝重、富丽华美，是很精致的潮汕民间工艺品。大厅前檐廊梁架用“回”字纹方曲檵，装有精美的金漆木雕装饰。其中两对“树头狮”最具特色，古拙雅趣。

大厅神龛描金漆画，八仙庆寿

大厅檐廊梁架上木雕

思成大厝，屋面为硬山顶，灰瓦蓝琉璃剪边。主座大厅顶用高脊，有通花嵌瓷，前厅顶用中脊，南北厅和从厝顶用低脊，檐下垂带、围墙绘有花鸟、人物画。

思成大厝，以一种对称平衡、区分内外、层次井然的平面组合方式，合理、恰当地运用装饰装修的手段，达到良好的艺术效果，展现出潮汕宅邸的工艺特色，给人们留下了深刻的印象。

11. 亲仁里

普宁市燎原镇泥沟乡，地处练江上游，东北有白坑湖斜卧，西南有后岭溪绕流，其间沟渠纵横交错，池塘星罗棋布。泥沟乡置寨至今有七百余载，约于元世祖至元二十二年（1285 年）张氏翠峰偕妲翠娥从福建莆田迁来泥沟开基创业，成为泥沟张氏始祖。该乡多姓集居，有张、许、陈、郑、孙、周、李等。人口众多，约 1.8 万人，其中张氏人口最多，约 1.2 万人。该乡民风淳朴，世风文明，邻里和睦，被评为“广东省旅游特色村”。

早在 150 年前，已有泥沟人离乡背井移居海外，落地生根，繁衍生息。现旅外侨胞达5万多人，他们侨居异地，勤奋创业，造福社会，情系桑梓，对祖国和家乡各项事业和建设作出很大贡献，也为家乡留下了一大批宅邸，亲仁里就是其中之一。

亲仁里，也称本盛，位于泥沟乡亭脚，是由民国年间旅泰华侨张声书为家父张珂本所建的生祠和豪宅。张声书17岁时告别家人，跋涉千山万水，历尽艰辛，从家乡由陆路经广西、越南、柬埔寨到泰国谋生。他最初在泰国行铺当小伙计，后做起了小生意。张声书为人忠厚，做事踏实，开始做生意时人们看重他的信用和为人，行铺东家采用先提货、卖后再付款的形式，扶植帮助他。经过艰苦创业，他的生意逐渐上轨并顺利发展，后开火砻厂、发展碾米业，慢慢成为富甲一方的大贾，40多岁时回乡建亲仁里。

亲仁里坐南朝北，占地4 000平方米，张声书原计划建一座以祠堂为中心，左右各有一座“四点金”，后面三座“下山虎”，前面为一大阔埕、左右有围厝的三壁联豪宅。据说当时由于地皮原因，靠西边的一座“四点金”和一座“下山虎”未能兴建，只建了现在见到的祠堂和一座“四点金”、两座“下山虎”，西边的厝地现辟为花园。亲仁里从1939年7月动工兴建至1941年7月竣工，8月举行落成入祠仪式。历时两年，耗资几万银元。据后人介绍，祠堂建筑费用为一万银元，“四点金”为七千银元，“下山虎”每座为三千五百银元，其他配套耗资也是相当高的，单祠堂大龛就花费一万一千银元。亲仁里做工讲究、装饰豪华、保存完好，不论在普宁，还是在整个潮汕地区，都是很难得的大型宅邸。

当人们来到泥沟乡“百岁坊”，就能见到亲仁里门楼，走过门楼、花园，到达前面大外埕，可见到祠堂位于中间，东边为“四点金”。祠堂为二进式，正面中央为三门式凹斗门楼，正中悬挂“张氏本祖祠”，左右有山明、水

俯瞰亲仁里

祠堂外观

秀门额。背镌记述建祠经过的《崇本堂命名记》，门楼全部为花岗岩石作。四周阴刻有名家题写楹联，马面坡屋架也为石作，饰有精工雕刻的石雕饰品。大门扇背面绘有加冠进禄等内容的人物画，画工精细，人物生动传神。走过门楼、前厅，来到天井，中央为一拜亭，拜亭上盖竭山顶，屋脊饰有双凤朝牡丹的嵌瓷，拜亭立外圆内方八根石柱。檐下悬挂一对雕刻有花卉人物的镂空木雕花篮。拜亭梁架装饰有有关花瓶、狮座、人物故事等内容的金漆木雕，并绘有描述传统题材的描金漆画。檐廊上两边梁架各装一对“树头狮”、“竹头象”。所谓“树头狮”，是用树头形式雕成狮子的造型的狮座。“竹头象”是用竹头形式雕成大象造型的象座。这类造型是潮汕民国年间民间艺人创造的一种狮、象装饰形式，别具一格。檐廊后为祠堂大厅，立四根花瓣棱形金柱，上有“三檝五木瓜，五脏内十八块花坯”梁架，这对梁架具有以下特色：①梁架瓜柱用花瓶造型；②木瓜用圆通雕形式上有狮子，人物花鸟木雕，从中可看到民国年间木瓜的结构功能已退化为次要位置；③梁架为五彩装饰，而下却为描金装饰，从色彩上有变化。大厅上彩画楣既传统又时尚，很吸引人，中间为传统的八仙故事，绘有八仙和他们所骑的大象、狮子、老虎，也有文官、武将、歌伎、侍女等人物，更为生动的是在两边开光却是西洋内容的天童、天使，令人叫绝。次间两边即绘有当年很时尚的高楼、大厦、汽车、轮船、照相、留声机等，可见当年艺人构思之巧妙。

祠堂大门彩绘（一）

祠堂大门彩绘（二）

祠堂拜亭构架

祠堂大厅正中安放有一套祭祀祖先的礼器。前面有用于安放香炉的六角几，下有底盘，几为六角形束腰须弥座式，六个饰有压脚狮子的座足支撑着须弥座，足为如意造型，足间雕有花卉。几座束腰有六块圆形方光四角花卉纹饰，中间绘有人物故事描金漆画，面有围栏雕有金漆木雕。整体器物黑漆打底，描金漆画与金漆木雕互相衬托，显得庄重又华丽。后面安有大厅最为重要的礼器大神龛。大神龛为1941年制作，高345厘米，宽232厘米，深126厘米，由龛座、龛脚、中盘、木阶、龛楣、龛门几部分组成，整个神龛饰满金漆木雕和描金漆画，神龛内设有木阶五级，供放祖先牌位。龛楣雕有松鼠拖葡萄，雕工极为精细，原来还有十多块人物故事的木雕，现已消失，只剩下五六块。龛门正面上装金漆木雕，下描金漆画。其中，中横肚一块金漆木雕于1953年被送往北京参加展览，后被有关部门收藏。门窗分别有《郭子仪拜寿》、《百忍堂》金漆木雕，这两块木雕，为五层镂空通雕，做工极为精细。

祠堂大厅中槽“三椽五木瓜、五脏内十八块花坯”梁架

祠堂大厅

《百忍堂》取材于《旧唐书孝友传》中的故事，说的是郸州人张公艺，九代同居。唐高宗经泰山时闻此事而亲临其宅，问张公艺能几代同居之缘由，张取纸笔，书写百个“忍”字，高宗嘉奖其义赐以缣帛。木雕艺人选取这一故事，其用意在于以张公艺之事劝告世人，若处世能诸事忍让，自然可以长久和睦相处。

这件木雕在创作时，艺人采用传统绘画散点透视法之构图，用常见的竖构图布局，安排路径；画面中的故事情节从左到右，由上至下，呈双“之”字形；分多节并利用树木、牌坊、路桥、亭台楼阁为间隔来展开情节发展和时空的变换关系。艺人不囿于当时张公艺在唐高宗面前书写百个“忍”字及高宗赐以缣帛的真实画面，而是将在不同时间、不同地点发生的人和事集中概括地表现。从木雕中看到高宗驾临张府，文武官员策马跟随，前面有两名士卒抬着一块书有“百忍”二字的牌匾前行，沿途有鸣锣、奏乐、点燃爆竹及观看热闹的众多人物。这样，人们看到牌匾，自然联想到木雕所表现的内容，从而更鲜明地表达了主题。木雕作品整体布局充分利用空间，构图丰满、匀称。在这大约 0.3 平方米的空间里，由表到里用五层镂空通雕刻出 58 个形态生动多姿的人物和骏马，人物须眉、

祠堂大神龛——龛门木雕（百忍堂）

冠袍盔甲的花纹和屋檐、牌楼的装饰图案雕刻得非常细致，一丝不苟，清晰可辨。它充分展示了潮州木雕构图饱满、布局匀称、物像繁多、玲珑剔透的精湛技艺和金碧生辉、富丽堂皇的艺术魅力，是一件值得观赏的艺术佳作。

《郭子仪拜寿》取材于古典小说《隋唐演义》，手法工艺同《百忍堂》，采用多层镂空通雕技法，路径安排都为双“之”字形。其主要情节是文官武将络绎而来，放铁铳、吹唢呐、敲锣鼓等渲染喜庆气氛。人物形象刻画得生动逼真，环境气氛热烈，充分展现了潮州木雕的工艺特色和艺术魅力。

龛门下部大肚正背都是长方形圆角开光高于边框，推光黑漆铁线描金漆山水人物画，其中正面两幅为《封神榜》神话故事。传统的潮汕铁线描工艺一般是先在黑漆推光板上绘图并贴金，然后用尖细的铁笔勾勒图案花纹的轮廓和细部，金漆画在黑漆底色的衬托下，显得艳丽夺目。这两幅金漆画充分展现出这种传统技艺，具有极强的艺术感染力。

整个大神龛的制作综合运用了线刻、浮雕、通雕、圆雕、髹漆贴金、描金漆画等多种装饰工艺，其制作技艺之娴熟精湛，达到了相当高的水平。尽管它的部分饰品已散失，仍不失其具有极高的艺术欣赏价值。

四点金——天井与枃门

亲仁里的张氏本祖祠最为珍贵的是祠堂，不论是建筑本身还是神器等都是始建时的原物，原汁原味。就目前所了解的情况，能保存始建的原物在潮汕几乎都没有了，所以极为珍贵。

亲仁里的“四点金”也是独具特色。首先，它的进深采用与祠堂相同的进深，使厝座显得比较宽敞，特别是厅前的檐廊比一般“四点金”宽敞；其次，它与祠堂一样，屋面采用增脊处理，大脊装饰有花鸟嵌瓷，使厝座屋面造型丰富而又富有变化；再次，凹斗门楼，采用喷水柱，马面坡屋架上面装有石雕饰品，这在“四点金”民居建筑中较少见。此外，大厅的八扇格扇门做工精细，很有特色，格扇门上部有人物、花鸟木雕饰品，下部有绘有人物故事内容的彩画，这样处理既美观，又通风、实用。

亲仁里后面的两座“下山虎”基本采用与前面建筑一样的形式，保持了整个豪宅建筑外观的统一性。

纵观亲仁里的建筑，人们可看到主人为了敬奉祖先、孝敬父母、荣耀乡里，在建亲仁里时，不惜资费，唯求豪华，力求达到尽善尽美，更庆幸的是几十年来整座建筑基本完整地保存了下来，为我们提供了一个能完整地反映民国年间潮汕乡土民居建筑的非常珍贵的实物。

12. 仰德里

潮安彩塘宏安乡有六村，均在潮汕公路西侧，西靠桑埔山，因建在横一高阜上，故俗称横陇。南宋德祐元年（1275 年），许氏来此定居，其先有周、林、郑三姓，后有李、陈二姓民众聚集在此勤奋创业、繁衍生息。这里于清顺治二年（1645 年）建寨，始称宏安寨，取宏大安定之意。宏安寨聚落呈莲花形，以巷隔开，把群落分隔成 30 片，似莲花瓣。潮汕公路经村东，水路通中离溪出海，民风淳朴，交通便利。村中保存有一批各个时间营造的各式建筑，如许氏大宗祠、佑杰公祠、伴庐等，还有这里要介绍的仰德里。

仰德里，坐落在潮安县彩塘镇宏安五村区，建成于 1948 年元旦，由马来亚华侨许则仰所建。据许则仰家人介绍，他 17 岁时离开家乡漂洋过海，到南洋马来亚“过番”，经一番辛苦创业，发展起布匹和大米的批发贸易，积累了一定家产，后荣归故里，大兴土木建仰德里。仰德里坐南朝北，以“四点金”为中心，左右有从厝，前面有大灰埕和花园，后面为二层的中西结合“洋楼”，四周用围墙围合而成。仰

俯瞰仰德里

德里是一座具有潮汕传统特色，又结合西洋建筑形式的大型宅邸建筑。

仰德里围埕大门

经过村中乡道，首先见到有一溪流经门前，为过堂水，面前围墙中央托起一大门楼，门楼上盖有歇山屋顶，恢弘大气。大门上悬挂“仰德里”三个金漆大字，左右有“仰山极目穷峰塔，德水浮光映碧波”门联；过了围墙大门，两边为花园，现种有果树；再就是宅前大灰埕，在灰埕上可见到建筑正立面，“四点金”居中，两旁为花巷和花巷门楼，再往两边为从厝和伸手，整个外观对称严谨，主次分明，构成了一个潮式建筑典型的立面形象。走过大灰埕，来到“四点金”的凹斗门楼，门楼前装有别致的木栅门，过木栅门抬头可见“则仰家庄”的门额，两边刻有民国元老于右任题写的南宋民族英雄岳飞的诗篇：“经年尘土满征衣，特地寻芳上翠微，好水好山看未足，马蹄催（趁）月明归。”还有“宋玉文章骚体在，陶潜心事酒怀宽”；“书之妙道，神采为上、形质次之，兼之者方可绍于古人”等其他名家留下的墨宝。大门背镌主人许则仰自己题写的

“信义和蔼”和“为善最乐，博爱为怀”。

走过前厅，就是“四点金”的天井，这里是“四点金”的中心，也是这座宅邸的中心。“四点金”左右有花巷和从厝，加上前有灰埕和大门，后有后埕和“洋楼”，又形成一个“回”字形大格局，整个格局都保持以天井（中庭）为核心，这是潮汕民居建筑平面格局的传统特色。人们从天井这里经“格仔”过子孙门，可经花巷来到后座“洋楼”，按一般的潮式建筑，这是该厝的后包。仰德里没有照后包的形式简单处理，而是建了一座中西结合的二层洋楼，它主座七开间，左右有伸手平面呈“山”形，与前面建筑围合成一体，左右伸手又另开有龙虎门，这样使后座既是前座的延续，又能独立成为一个院落。大概因为主人“过番”接触西洋建筑，在建筑上大量采用了西洋建筑形式，如水磨石西洋装饰纹样等。

仰德里主座建筑

仰德里后包建筑

整座大厝有外封闭、内开敞的特点。在外围除了正面的大门和后座的龙虎门三个门外，全部用围墙和围厝围护。向外都是封闭的。在大厝内，它前有前庭（大灰埕）、后有后院（后埕），中央又有中庭（天井），左右配有从厝花巷（窄天井），一共有大小五个天井庭院。厝内的厅房都是向天井庭院开门窗，它也形成了向内开敞的建筑形态。庭院、天井、花巷都是大厝里面的室外空间，主要作用是通风、采光；为了避免夏季的日晒，花巷被设置成又窄又长的窄天井，确保大厝居住使用的凉爽、舒适。以这些天井庭院和花巷为中心又构成一个个围合的院落，而这些天井庭院和花巷使得相对封闭的、围合的建筑没有完全与自然隔绝，而是与外面的自然息息相通。而且在这些地方摆了莲缸、花盆，砌上花斗，种上莲花、石榴等植物，使大厝内展示出一派春意盎然、生机勃勃的景象。以上这些其空间形式也是向心的，显示了主人不希望受外界的干扰，也不希望干扰他人的心理。

这座大厝装饰十分考究，精雕细刻，追求尽善尽美，力求富丽华贵。它的前厅、大厅、南北厅均安装有格扇门，前厅、大厅的格扇门上部均有精美的木雕饰品。特别是前厅的十扇格扇门，做工最为精细，格扇门上的木雕全部用樟木双面镂空精雕细刻，内容均为人物花鸟图案。这些木雕采用素雕，没有上油上漆，使我们能看到当年艺人的精湛技艺。素雕往往不能藏拙，加上格扇门上的木雕又是双面镂空，工艺要求很高，正反两面都是一样图案，更能见木雕艺人的真本领，的确

主座前厅枛门木雕

主座大厅前檐廊方曲梁架

是难得一见的木雕工艺品。“四点金”大厅前檐廊、梁架上用“回”字纹方曲上配有精雕细刻的木雕花鸟，后座洋楼二层走廊、梁架上也用浮雕、通雕刻上花鸟装饰。这里门户都采用石门框，有的门框上部用浮雕雕刻有花鸟和日常所见的世俗风情石雕，这些石雕、木雕，雕刻精细，都是雕刻中的精品。据介绍，这里原来还配有一大批相当精美的家私，特别是后座“洋楼”的家私，全部都是名贵的红木家私。当年“洋楼”是主人自己居住的，一般要有显贵临门，才能在后座洋

后包洋楼走廊

楼接待贵宾，一般人是不能逾越半步的。遗憾的是这些家私现已散失，能见到的只有这座大厝本身了。

居住建筑最能反映当时的社会习俗，能体现人们的意趣、财富和社会地位。纵观仰德里建筑，人们可见到当年潮汕人漂洋过海到南洋“过番”，事业有成、荣归故里，建大厝、炫耀乡里、落叶归根的社会现象。同时，我们还可见到“过番”归来的“番客”，营造大厝时既按传统的形式，同时大量采用西洋建筑形式，构建出了一种既中又西的建筑形式。这些不论在当时还是现在都有着深远的意义，它为人们研究中西结合的建筑，提供了一个近代实物，在建筑上、民俗文化上都非常有意义。

13. 慈黉故居

“背枕青山，联峰耸峙，澳山为屏，风涛万顷。双溪环绕，沃野平畴，一望无际……卜溪而居。”这段话是陈慈黉之弟陈慈云描绘家乡前美乡秀丽的田园风光时所写的。澄海隆都的前美乡是一块风水宝地，这里是著名华侨家族陈黉利家族的家乡，慈黉故居又以“岭南第一侨宅”而远近闻名。

陈黉利家族是一个典型的华侨家族，自其先辈陈焕荣和陈慈黉、陈慈云父子先后在香港文成西街创办“乾泰隆”南北行，在泰国曼谷创立“黉利栈”，在新加坡创立“陈黉利行”，经营米业发财后，他们外出发家，讲究落叶归根，报效故里。从1871年（清同治十年），历经三代人，相继在家乡兴建了12座宏伟壮观的宅第，其中有建于老乡的通奉第和建于新乡的“郎中第”、“寿康里”、“善居室”以及别墅书斋“三庐”。老乡的“通奉第”，是在陈焕荣至陈慈黉时期兴建的，新乡的“郎中第”、“寿康里”、“善居室”、“三庐”，主要是陈慈黉参与筹划，由其子辈们兴建的。

俯瞰慈黉故居善居室

目前人们所称的“慈黉故居”，一般是指建于前美新乡的“郎中第”、“寿康里”、“善居室”和书斋“三庐”。它的总建筑面积为1.65万平方米，共有厅房506间，连同当年购地规划而未建的黉利堂和大花园，规划总面积为2.5万平方米。

寿康里三庐书斋

现在的“慈黉故居”三座豪宅犄角相连，构成一个不规整的“品”字形，“郎中第”在后，“寿康里”在其右前侧，“善居室”在其左侧并前凸。在“郎中第”的正前方即“寿康里”，与“善居室”之间的大莲池和荔枝园，就是当年规划的黉利堂和大花园用地。

“郎中第”首建于1910年，至1920年建成，是陈慈黉为二子陈立梅规划建设的，该建筑占地面积为5 106.1平方米，共有厅房158间；“寿康里”和书斋“三庐”是长子陈立勋规划建设的，始建于1922年，至1930年建成，占地面积为4 896.4平方米，共有大小厅房146间，其中“三庐”占地面积为799.2平方米，共有厅房30间；“善居室”是为三子陈立桐规划建设的，始建于1930年，至1939年尚未完工，因日军入侵潮汕，一些雕饰油漆未能完成被迫停歇，它占地6 861平方米，共有厅房202间。

人们从这三座豪宅可见到，它们都是以“四点金”为主体中心，向前后左右延伸展开，形成一座座大宅院。“郎中第”以“四点金”为中心，左右各有两条火巷和从厝，后有后包，面前有大庭院，庭院前有一个附院，一围厝包反照主体建筑，形成双龙虎门双庭院的格局。外围建筑均为两层，这就形成了中心低、四周高的全封闭方形大宅院。另大庭院东南、东北角建有双书斋，称舍南小筑和舍北小筑。“寿康里”主座建筑基本与“郎中第”相似，大庭院前设栏杆式低围墙，建筑主立面显得较为开放，另在其左侧建一双层小洋楼式书斋“三庐”。“善居室”中心建筑同样是“四点金”、火巷和从厝，外围和后包均为二层和院式建筑，同样形成中心低、外围高的方形大宅院。

人们首先可从已经开放的“善居屋”看到，“善居屋”外围有高

善居室——从反照厅看主座正面外观

大的外墙封闭，只留有排列有序的小窗，主座出入只留有矮小的龙虎门。从它封闭的外观来看，似乎有一种坚实而威严的内在精神让人觉得不可冒犯，同时，它又让人感受到里面必定是一个静谧安宁而广阔的空间。走进石作的凹斗虎门（潮汕地区一般主座面前围合的阳埕，左右开有龙虎门，左边称为龙门，右边称为虎门），凹斗虎门上有门匾“民康物阜”，过了低矮的门廊，前面是宽阔的大阳埕。大阳埕左边是主座建筑，坐西朝东，右边是一围厝包反照主座建筑。厝包为十一开间，分为一厅二房三个单元，两端另有单独小房间。靠近龙虎门的有书斋“兰室”和“蘧庐”。主座建筑正面中间为中心建筑“四点金”凹斗门楼，左右各有两个花巷门楼。跨进正中“四点金”的大门是第一进厅，左右各有一间前房。第一进厅与第二进厅之间，有天井及左右两个南北厅。过天井便是“善居室”最为重要的大厅，上悬有“传叶堂”牌匾，大厅两边各有一间大房，由长辈居住，前房、大房与南北厅之间有“格仔”通往花巷。花巷一侧有六开间从厝，由花巷可进入二进与三进之间的天井，天井左右有三开间二层厢房。三进为一厅二房二层楼房。三进后面与后包之间是天井。后包为三部分，各有独立门房，可成独立小单元，中间是二层七开间，两边各为二层五开间，左右有梯间通廊与外联系。由后包可经靠外的另外两条花巷进入主座左右两侧的小姐楼，小姐楼为二层小洋楼，各有两个单元，分别为三开间和五开间，并配有厢房和门楼，成为各自独立的小单元，围合在主体建筑“四点金”左右。由此人们可看到，陈黉利家族在家乡前美乡所兴建的大宅院，不论是陈焕荣、陈慈黉父子兴建的“通奉第”，还是他们子孙辈兴建的“郎中第”、“寿康里”、“善居室”，这些大宅院都是以潮汕最具特色的“四点金”为主体，再由“四点金”向前后左右扩展形成类似“驷马拖车”格局的大宅院。它们的平面布置，采用方整的、严格对称的布局，为了突出厅堂在宅

善居室——大厅传叶堂

善居室——小姐楼

善居室——小姐楼与花巷

善居室——小姐楼天井

宇的显要位置，把主要厅堂放置在宅院中轴线上，两侧对称分布南北厅，左右为从厝巷、小姐楼、书斋等。通过这种格局，使中轴线始终保持笔直，庭院空间基本上保持横平竖直的矩形，形成均齐方整的组合整体，整座宅院安排井然有序，前后左右呈合力之势，具有内聚性。大宅院的对称布局，展现出一种方正、规整的对仗美，充满了秩序井然的理性美，有助于创建平和宁静的空间气氛，这些大宅院严整纵深的庭院组合，中轴突出的对称格局，提供了建筑空间的主从构成、正偏构成、内外构成、向背构成，这些空间构成都被赋予礼仪上的尊卑等意义；透过主座与从厝、大厅与南北厅、外院与内院、前庭与后庭等空间的主从、内外划分，来适应区分尊卑、上下、男女、长幼等一整套礼教、伦理秩序的需要。

陈黉利家族在营造这一座座宅院时始终把传统思想和文化作为主

旋律。他们在门楼通过书法石刻形式，将宅第的宅名、厅堂名、书斋名、花巷名以及楹联、格言雕刻在门联上，展现出他们对传统思想和文化的传承，并望家人承前启后，不仅能够使弘扬良好家风的愿望铭刻在石材上，也能铭刻在后人的心上。这些石刻的书法字体之全、文字内容之多、石刻艺术之高，在潮汕乃至岭南的民宅建筑中均属罕见。其中最为壮观的为“善居室”和“寿康里”的书法石刻。

人们到这里参观，首先就到“善居室”。一进龙虎门，抬头就见到凹斗门楼上的浮雕石刻有“民康物阜”，落款是“己巳孟春澹庵书”。己巳是1929年，澹庵是吴道镕，清末翰林编修，广州人，生于1853年，卒于1935年。他的书法初学柳公权，晚年改学隋碑。吴道镕于1929年与1930年即他76岁和77岁时为“善居室”书写了南北两个龙虎门石门匾“民康物阜”和“阙抱山环”八个字；又为大埕两侧厢房石门匾书写“兰室”和“蘧庐”四个字，共十二个字，字体为隋碑体。进入“善居室”大埕中央，可见到四个花巷门匾分别是“五柳”、“三槐”、“翚飞”、“凤翥”八个字，落款为“华世奎书”。正厅门匾也是“善居室”三个大字，虽无署名，但从字体看也应该是华世奎所书。华世奎字壁臣，居天津，工书法，学颜真卿，字体气魄雄伟，骨力开张，一时商店招牌多出其手。他生于1864年，卒于1942年。在“善居室”大埕中北厢房“蘧庐”凹斗门楼内，共有横直刻文五幅，均署名朱汝珍，于丁丑年（1937年）六月书写。在“善居室”正厅凹斗门楼内还刻有清末副都御史温肃于丁丑年（1937年）书写的曾国藩家信中的箴言两幅。此外在院内还有署名岑光樾鹤禅的书法石刻，除有一横幅篆体字由岑光樾所书外，其余皆为柳碑体。

到了“寿康里”，一进东西龙虎门，就见到门匾上的阴刻隶书“寿康里”三个字，署名陈景仁。据本地史书记载，陈景仁，字秋云，潮州庵埠人，清末贡生，他自幼广习诸家名帖，善写各种字体，书法造诣很深，尤以隶书见称，闻名遐迩，深受大书法家康有为的赏识。在“寿康里”正厅凹斗门楼和花巷凹斗门楼内还有署名陈元楷、云叟等的刻文，其字体也很秀丽，各有千秋。陈元楷是广东顺德人，清光绪三十年（1904年）进士。据介绍，花巷有两幅门联，为慈黉之弟慈云所书。慈云，又名步墀号子丹，是晚清恩贡候补道台，他一生爱好诗文，著作甚丰，能写一手好字。

以上所述的这些书法石刻，除了书法写得好外，还能看到石刻工匠高超的手艺。不论是阴刻还是浮雕，样样刻得形神兼备，巧夺天工，艺术形式的运用也很得体，一切视表现字体特点而定。浮雕又分两种，一种是圆浮雕，一种是平浮雕。对华世奎、吴道镕的颜体和隋碑体，采用的是圆浮雕的形式，使其浑厚饱满的笔画体显得无懈可击。而对其他人所写的柳体、隶书和篆书则采用阴刻或平浮雕的形式，使其如刀似剑的笔画得到充分的显示。欣赏这些不同形式的石刻艺术，对爱好者来说无疑是一种不可多得的精神享受。

在潮汕各地乡村，一般民居基本都采用硬山顶屋面，硬山顶屋面为“人”字形，两坡屋顶一种形式，屋脊少有起翘，檐下平直、轮廓单一，屋面停止于山墙内侧，两山硬性结束，显得十分朴素，具有厚朴、憨实之美。然而，陈黉利家族建宅时不只满足于这些，为了使屋面更为丰富有变化，营造时在屋脊用各种颜色的陶瓷漏花镶砌，这样处理既减轻了中桁荷载，又使屋顶显得轻巧明快。同时，在两侧山墙用砖瓦砌成有凹凸变化的斜脊，俗称“垂带”，垂带用深灰色，配上灰塑和西洋瓷砖作装饰，有的在隔墙上增加垂脊。屋面檐口滴水用红、蓝琉璃瓦和手绘花果图案的陶瓷瓦当，瓦口作剪边，独具特色。通过这些处理，使屋面更加舒放大方，显得生机勃勃。

善居室——硬山顶屋面

善居室——书斋凹斗门楼

善居室——房门

善居室——花巷门

善居室——凹斗门楼

陈黉利家族通过这一座座大宅院巧妙地将西洋建筑文化与潮汕民居建筑融合为一体，细腻地将西洋建筑装饰材料和构件与传统潮汕民居建筑材料、形式糅合在一起。首先，人们从各式大门可看到，“通奉第”基本按传统形式营造，几座凹斗门楼就在传统基础上建造。墙面采用色彩鲜艳、图案优美的西洋瓷砖饰面。至营造“善居室”，这些风格融汇中西的例子就更多了。就装饰手法而言，它大胆地塑造了中西结合典雅古朴的墙柱，突出西洋花式柱头，在屐头用

善居室——西洋地砖

传统嵌瓷，西洋纹饰，独具特色。在凹斗门楼上，用花岗岩石门框，四面墙镶贴西洋精美的釉面砖，结合古雅自然的拱门洞，达到夸大空间、突出入口的艺术效果。这种效果打破了传统凹斗门楼灰暗的色调，使古朴典雅的门楼变得色调明亮、华丽，既有传统建筑的艺术之美，又散发出西洋文化的艺术色彩。在室内地面，天井地坪大量采用西洋釉面砖，这些西洋釉面砖质地厚实，色彩淡雅，图案精美，坚固防滑，配上传统红方砖，根据不同位置，选用不同颜色、花纹、图案的釉面砖拼贴成优美的图案。有的厅堂墙裙选用瓷砖镶贴，顶面镶贴清秀淡雅的压顶瓷条，显得文静清幽、自然舒适、怡然大方。这些装饰处理，处处显露出中西相互交融、相互穿插的气韵，大大增添了院落的生活气氛和艺术气息。

善居室——西洋装饰纹样的挑檐（一）

善居室——西洋装饰纹样的挑檐（二）

在潮汕，传统建筑习惯采用亮（光）厅暗房，因而墙面少开窗或开小窗，陈宅也不例外。工匠充分运用传统的形式，多选用花岗岩石框，采用潮汕传统的嵌瓷，灰膏泥塑形式，配合西洋造型，装饰纹样糅合成门窗套装饰。这些图案优美、色彩淡雅、明快的装饰和使用功能紧密地结合在一起，使得门窗显得既自然得体，又古雅清淡。

纵观陈黉利家族营造的这一座座大宅院，我们还可以看到民间艺人在营造这批大宅院时，处处苦心经营，精细雕琢，把原本简单、笨重的构件做成一件件艺术精品，使建筑物“简”而不陋、“繁”而不琐。普通的花岗岩构件却被磨得光滑如镜；质地优良的泰国柚木完全没有上色，重在表现原木的纹理、色泽；各式刻花玻璃光彩夺目，石

木雕刻细腻精致，配上名人诗句、楹联、牌匾，真是琳琅满

善居室——各式窗户（一）

善居室——各式窗户（二）

善居室——各式窗户（三）

善居室——各式窗户（四）

目，处处充满了诗情画意，散发出浓浓的书香，尽显豪华富贵。这些充分体现了主人的身份、品位与爱好，展示了陈黉利家族的殷实富有和大气风雅。同时人们可看到陈氏族人生存和延续的主旋律，既传统又开明，既坚守自我又包容异己。正是本着这种文化素养和豁达的思想理念，这一座座大宅院才成了那个历史时期的特定产物，为潮汕民居留下了浓墨重彩的一笔，为后人留下了一份丰富的历史文化遗产。

每当人们回首品味这一座座豪宅，都会被这些既有严谨布局又大胆融汇运用西洋建筑艺术、材料和装饰纹样的潮汕传统民居所征服，为其规模宏大、工艺精致、风格独特的建筑群体与精致的石木雕饰和丰富的人文遗产而感叹！

（二）宗祠

1. 袁氏家庙

袁氏家庙坐落在揭阳渔湖长美村。长美村是一个创建于宋、元时代的古村落，古称“阳潮里”。在揭阳，浩瀚的榕江奔腾千里而来，流经渔湖半岛时突然向南拐了一个90°的弯，继而又折向北，与榕江北河汇合东去，形成一个“凸”字形的小半岛。长美村就坐落在这个小半岛上，这里水网纵横，舟楫便利，可渔可耕，村民勤奋耕行，重视文化教育，人才辈出。长美村也是潮汕和台湾四十余袁姓村庄、数万袁姓人口的发祥地。家庙是村中最具纪念意义的建筑。

袁氏家庙供祀袁姓入潮开基的一至六世祖，始祖为北宋仁宗庆历年间进士、兵部尚书袁琛。袁琛于北宋神宗元丰六年（1083 年）因党锢祸贬谪潮州任刺史，此后他就在潮州定居，其子袁熙于宋哲宗绍圣年间的揭阳渔湖创村立籍，至今已有900 多年的历史，留下了丰富的人文遗产。据村中老人介绍，家庙始建于元至顺年间，迄今有600 多年。寨门外至今还保存着一对大石鼓。现存的建筑是清康熙五十一年（1712 年）重修的。袁氏家庙的建筑格局为三进二天井一拜亭，其坐北向南，分金丑未兼癸丁，面积有1 200 多平方米，高达6 米，是潮汕地区目前保存比较完整的清代前期建筑。

家庙外观

我们沿着西边小溪畔的村道，向东一拐，经寨门进村，就可见到一个大灰埕，家庙就坐落在大灰埕北面。家庙外观古朴大方，正面中间为三门式凹斗门楼，中门首横额刻有福建晋江张瑞图题写的“袁氏家庙”匾额。张瑞图为明代万历探花、宰相，以书法名世，他与明代大书法家董其昌有“北董南张”之誉。中门挂有门联“家谱书声千秋盛，庙堂仕宦万代传”，横额为“永世其昌”。走过门楼，是家庙的前厅，前厅后为一大天井，天井中间有一抱印亭，其屋面与中厅屋面相连，平面呈凸形，左右有

家庙大门

家庙中厅

庑廊围护，形成了一个开敞的大空间，作为宗族众多人员聚会、议事、宴请宾客的场所。中厅正中悬挂有清乾隆年间文渊阁大学士、吏部尚书史贻直所书的“崇礼堂”正匾。他是清乾隆乙丑科进士、惠州府学教授，袁的老上司，他还应袁的邀请，为渔湖袁氏谱牒作《袁氏大宗序并歌》。另外，“崇远堂”匾、“歌聚堂”匾、“亲恩冈极”匾，也均为历代名宿所书。走过中厅，是浅而宽的后天井，它深度不大，却

有主座的宽度，左右没有按常规设置庑廊。笔者曾经请教家庙长者，营造时为何如此设置，是因场地关系，还是另有原因，他也不知道。就实地察看，袁氏家庙始建时可能为二进加后包，重建时改为三进式，与前天井形成深与浅的对比，使家庙前有宽敞的公共活动空间，后又有紧凑的私密祭祀空间，别具一格。后座为大厅，悬挂有宗族先祖的画像和众多历代名宿所书的牌匾、楹联，庄严古朴，尽显它在家庙至尊的位置。

大厅有清乾隆乙丑科进士袁铼为宗祠所撰书的楹联：“自浙迁潮，五骢八座，陶出文章负荷；因州名里，四女六牛，钟来礼乐箕裘。”此联对仗工整，平仄交替，极富韵味。

大厅构架

“自浙迁潮”，“因州名里”讲的是袁氏家族的一段历史。袁琛，原籍浙江省衢州龙游县。宋仁宗庆历年间登进士弟，官至兵部尚书。宋神宗元丰六年（1083 年），因党锢祸，被朝廷贬为潮州刺史。后王安石变法失败，朝廷废党碑，赦罪责，召袁琛回京复职，时年袁琛已 66 岁，自愿辞官退隐，终老潮州，居海阳县（今潮安县）云步乡。其子袁熙（宋元祐三年戊辰科进士，官至御史中丞，是揭阳县第一个进士），自海阳迁到今揭阳渔湖镇袁厝寨创村立籍。后袁琛的七世孙袁贤（元成宗大德四年举人）、袁敦（元世祖至元二十三年进士）又于元成宗大德九年（1305 年）始迁至今长美村，创村时用潮州之“潮”命名“阳潮里”，俗称“潮尾（美）袁”。后来，村庄分为现在的长美、富远、福田、河上四个自然村，因为长美是祖祠所在之处，也称为潮尾袁寨内。

“五骢八座”，五骢即五马，汉时太守乘坐的车用五马驾辕，后代作为太守的代称；汉唐时代，尚书令、仆射、五曹或六曹（部）尚书，皆有“八座”之称。据粗略统计，袁琛后代登进士第的有 11 人，举人 23 人，贡生 15 人，任太守或相当太守官职的自然不乏其人。“五骢八座”联用既是出于平仄的需要，也符合家族历史，实在是绝妙之作。

“陶出文章负荷”，“陶出”作为“陶冶”解，袁氏一门，历来重视诗书礼仪，在家族浓郁的书香熏陶下，自古以来人才辈出。

“四女六牛”，取女星、牛星而言，指女宿四星和牵牛星。对于联义，一说指长美村的方位，另一说指家庙建筑中的“分金”女四牛六。两说均指方向、方位。清嘉庆十八年（1813年），兵部尚书兼两广总督蒋修铭为《袁氏族谱》撰序：“村居之胜，左宝塔，右仙桥，翠岫列屏，清江绕座，比闾一姓，烟火千家。”此文也有堪舆学成分。

“钟来礼乐箕裘”，《礼记学记》云：“良冶之子，必学为裘；良弓之子，必学为箕。”后世以“箕裘”比喻祖先的事业。“钟”与上联之“陶”对应，作动词，意为奏起庄重的礼乐歌颂祖先的德业。总的来说，上联意为“薪传”，下联意为“继承”。此联承载着长美深厚的人文历史，充满着古村无穷的魅力。

袁氏家庙建于清康熙年间，它标志着潮汕建筑由明代嘉靖年间以来古朴典雅、恢弘大气的风格，开始走向雕梁画栋、金碧辉煌的风格。它呈平面布局，承接我国传统建筑讲究的中轴线，左右对称，不倚不偏，不曲不折，更不旁生枝节。布置厅堂时以纵向为主，将重心放在中轴线上。同时，将厅堂、庑廊、天井进行组合，通过庑廊的连接，外墙的围护，使整个家庙有非常合理的秩序性、逻辑性。此外，家庙四周用外墙封闭，内又开敞，即外封闭、内开敞，有内聚性、防御性、私密性。在结构上，前座九桁式，前后立花篮础檐柱；中座为十三桁式，明间四柱着地，立八棱花篮础檐柱和浮珠础圆棱金柱。中槽置“三橼五木瓜，五脏内十八块花坯”抬梁式梁架，梁架上置有斗拱。后座为十五桁式，明间六柱着地，设置基本同中座，另加两根副“点金柱”，梁架上置凤冠叠斗。家庙梁架上装饰有素木雕饰品，内容多为人物故事，采用

中厅梁架（局部）

通雕技法，造型生动。它已一洗宋、明以来简朴的风格，开始走向重雕琢、重堂皇的建筑风格。

纵观家庙，不论从人文、地理、历史，还是从建筑结构上都为今天的我们积淀了丰富的文化遗产。

2. 古溪陈氏家庙

古溪陈氏家庙坐落于揭阳榕城区仙桥永东涂库村，是永东、西岐一带 18 个自然村 6 万多陈姓村民共有的祖祠。据仙桥《陈氏族谱》载，古溪陈氏的始祖叫陈十一郎，在南宋绍兴年间（1131—1162 年），从福建莆田县涵头镇石狮巷迁来揭邑官溪都（今榕城仙桥，梅云一带），官溪都至 20 世纪 50 年代发展成为一个大聚居区，名曰“古溪”。

陈十一郎，在南宋绍兴年间随在揭阳做官的父亲陈文隐来揭阳，陈文隐“官揭阳县二尹，任满回闽”。其间，陈十一郎看中揭阳的美好山水，没有随父母返回福建莆田老家，而是留在揭阳创村立籍。至明代，随着经济发展和人口繁衍，陈氏裔子孙于清康熙年间在涂库村创建宗祠。随着人口数量的增多，原有祠堂规模较小，无法满足需求，至清雍正十一年（1733 年）在今址重建，又于光绪二十一年（1895 年）重修，从重建算起，至今已有 270 多年历史了。

古溪陈氏家庙，占地面积约 2 000 平方米。家庙坐北朝南，门前为大灰埕，又引溪流至埕边为过堂水，旷野一望，远山为案，景色秀丽，风光如画。

陈氏家庙为三进式祠堂建筑，俗称“三厅二天井”。左右有两条火巷和从厝拱卫，首进前面为凹斗门楼，门楼有三门，门中间嵌四通麒麟石壁，中门前列石鼓一对，门首横额刻“陈氏家庙”，背镌“见位闻声”，匾下垫有二石狮。门前立兽足花篮础加河狮八棱檐柱，柱上马面梁架有木雕饰品和垂莲柱。走过大门是下厅，下厅与中厅、上厅三开间面宽虽相同，却被划分为五开间，即当心间比中厅、上厅明间略窄，而紧挨两侧又有两个宽度甚小的开间叫做偏厅，隔墙之外有两个库房，这样的安排使下厅、中厅与上厅的使用功能和视觉效果既变化又统一，前后呼应，一气呵成。通过这样的处理缩短下厅桁条净跨，使前进硬山顶屋面能圆润起翘，同时在库房隔墙上垫高增加一对垂脊，使屋面起翘有变化，增加了正面外观起伏变化的艺术形象。

过下厅是左右两廊中间前天井，天井中央为拜亭，它屋面与中厅屋面相连，俗称抱印亭，面阔、进深均为一间、四柱一式方形。屋面为被称为“九脊顶”的歇山顶，与周围的硬山顶屋面形成了对比，既突出又有变化，丰富了整个家庙的外观。中厅与拜亭相连，平面呈“凸”字形，面阔、进深均三间，也立八棱檐柱，明间立浮珠础圆梭金柱。梭柱上置二斗一拱顶托，金柱横向上架八棱横梁，置四斗三拱装饰斗拱。从这八个斗拱可看到左右两边的斗拱形式基本接近，但装饰图案却有所不同，左边四个斗下是用花卉木雕装饰，右边四个斗下采用的却是石榴、香橼水果木雕装饰，这些都是当年工匠“斗工”留下的佳作。纵向中槽置“三檝五木瓜、五脏内十八块花坯”抬梁式梁架。柱与柱和构架之间有宽阔的空间，满足厅堂作为家族、宗族众多人员聚会、议事、宴客场所使用方面的需要。中国位于家庙中央，也是人们进入家庙的视角中心，是各种装饰的重点，放置有最珍贵的文物。拜亭梁上正中挂有“鹗荐重光”牌匾，是清代大书法家翁万纲为古溪举人陈诗正所书，“鹗”意为奋，“荐”意为同进，“言奋进可再得光宠也”；靠右边挂有“硕德修龄”牌匾，硕义为大，修义为长，意为“大德长寿”，是广东布政使魏元煜为邑庠生陈凤生题写；靠左边有“文魁”牌匾，是兵部尚书李煜尧为乾隆三十六年（1771 年）新科第四十一名举人陈诗正所题，“魁”即魁首，犹言头等人物也。梁架上饰满各种各样的五彩木雕，这些木雕题材非常丰富，有博古静物、花果草虫、祥禽瑞兽、

家庙外观

天井与拜亭

戏剧故事、神话人物；也有民间百姓日常生活、社会习俗，这些都被巧妙地表现出来，借以抒发人们对美好生活的祈盼和对未来前程的祝愿。这些木雕构图丰满、布局匀称、形式多样，而且雕工细腻、精致、传神，将美化实用融为一体，给人以美的享受。特别是中厅前檐柱上两梁间有迥然不同的两个木雕人物，造型生动、神态各异，一奋力无遗，一悠然自得，令人们驻足不前，叹为观止。据介绍，这是当年由两位木雕艺人开展竞赛，胜者有赏所带来的奇观，此奇观遂载誉至今。透过这些题材丰富、造型独特、精细雕刻，具有浓厚潮汕地方特色的木雕，人们从中可领略到清代前期木雕发展到成熟阶段的艺术特色。

中厅“悠然自得”木雕人物

中厅“奋力无遗”木雕人物

在中厅后金柱与后檐柱之间，新装有可开可闭的屏门，明间八扇，左右次间各六扇，共二十扇。明间八扇为双面，上部通雕博古花卉金漆木雕，下部正面绘有历史典故描金漆画，背面为山水描金漆画。左右次间十二扇为单面，上部雕刻有花鸟金漆木雕，下部也绘有历史典故描金漆画，形成了一个互相衬托，既华丽又典雅的艺术空间。

过中厅是后天井和后进上厅，上厅梁柱设置基本同中厅，这里是祭祀祖先的殿堂，正中悬挂堂匾“思成堂”，前有“聚武兴文群星璀璨耀华堂”灯橱，厅中排列七座金碧辉煌的大神龛，内安放历代祖先牌位，在潮汕地区这样设置很少见。上厅厅堂以华丽又典雅、恢弘大气显示出它在家庙至尊的地位。上厅原来有四件“鳌鱼”木雕。传说中“鳌鱼”形似龙、好吞火、好风雨，背负蓬莱之山在海中。在潮汕，常立金柱与大檝之间，也称“鳌鱼雀替”，它有加固构件的连接

中厅栒门

大厅梁架

和装饰的作用。这些木雕面施五彩，精致细腻，属圆雕做法。龙头表现脱俗；龙眼炯炯有神，两翼展开作飞翔状；尾部转折流畅灵活，立体剔透，层次分明，十分吸引人。这是笔者在潮汕各地乡土建筑中所见到的最传神、生动的一组“鳌鱼”。遗憾的是右边的两件鳌鱼不久前被偷走了。后来重新补装上的鳌鱼，虽有形却没神韵了。

古溪陈氏家庙汇集着潮汕民间艺术的精华，在揭阳民间早就有

大厅鳌鱼（一）

大厅鳌鱼（二）

"古溪祠堂潮林宫"的顺口溜。"古溪祠堂"就是"陈氏家庙",说的正是建筑之精美、规模之宏大。它的历史艺术价值和文物研究价值,有待人们进一步研究和发掘。2003年,古溪陈氏家庙被广东省政府公布为重点文物保护单位。

3. 南澳康氏宋祠

南澳岛位于广东省东部,坐落在闽、粤、台三省交界海面,为广东省唯一的海岛县,距汕头仅11.8海里,东距台湾高雄160海里,北距厦门97海里,西南距香港180海里,处在这些港口的中心点,濒临西太平洋国际主航线,地理位置十分优越。从古至今,南澳是东南沿海一带通商的必经泊点和中转站,素有"潮汕屏障,闽粤咽喉"之称。早在明朝就已有"海上互市"的称号,南澳古沉船"南澳一号"就是出水于南澳三脚关海底。

南澳岛有悠久的人文历史,全县已发现和修复的古迹有50多处,寺庙30多座,与海岛自然风光构成了一幅秀丽的立体画卷,其中以深澳镇最具特色。该镇北面深澳湾有猎屿、塔屿作为北面的天然屏障,湾内水域宽阔,可容千艘船舶,有"澳深无底"之势,故称深水澳,简称深澳。明万历四年(1576年)诏设协守漳、潮等处专驻南澳副总兵,深澳设总镇府,至(1927年)县城迁移后宅(隆澳)时,经历了三百多年。在这漫长的历史长河中,小小南澳岛,竟出现了两省(广东、福建)共管的奇迹,把它分为左右营,左营为福营,右营为广营。隆澳、深澳属广东潮州府的饶平县管辖,云澳、青澳属福建漳州府的诏安县管辖。在军事上,"受两省总兵节制,又制两省之兵"。更怪的是,在驻城镇深澳的中心街道,这条全长仅六十五米、宽四米的贵丁街,在明清时期也分界,东面属广东右营所辖,西面属福建左营所辖。至清康熙二十四年(1685年)升格设总兵府,历157届,先后共有147位副总兵、总兵赴任,移厦门镇总兵官,并分左、中、右三营兵驻南澳,继之扩大区域,派兵轮守台湾、澎湖、淡水。

深澳人文历史悠久,南澳八景"金山浴日"、"马井朝烟"、"清屿浮天"、"龙潭晓月"、"三峰珥笔"、"雄关雨蹬"、"七礁缠星"、"古寺晴云"多数在深澳。镇内古迹众多,有总镇府、郑芝龙坊、天后宫、关帝庙以及这里介绍的康氏宗祠。

康氏宗祠,当地人俗称康厝祠,位于深澳镇北侧,始建于清嘉庆

俯瞰祠堂

十七年（1812 年），于嘉庆十九年（1814 年）落成，历时三年。它不仅是南澳岛上现存的古建筑之一，也是当年康氏家族盛极一时的见证，更隐藏着当年主人康百万传奇的发迹故事，现已是南澳县重点文物保护单位。

据祠堂老人介绍，他们祖上是福建龙溪人，清康熙年间，康氏三兄弟家境贫穷，生活艰难，只得外出谋生。老大、老二分别前往饶平汫洲的东灶乡、水磨乡。老三康敦厚在南澳岛深澳做生意的福建老乡李殿宾的帮助下，迁至深澳经商。康熙年末，康敦厚生独子康有麟。雍正年间得孤孙联登。联登生五男，仅存康士元。康士元于乾隆年间又生五子，都以耀字作名，列德、美、光、彰、宗。后只身前往台湾谋生。康氏兄弟在深澳以扫割草卖扫帚为生，生活艰辛。一年夏天，他们受一家富户雇佣，兼管吴平寨山坡上的一片果园。一天夜里，康耀美经过吴平寨时，在一口荒井发现有亮光，好奇的耀美趋前一看，是井圈中的砖条发亮光，抹去表面尘上，顿生金光。挖开后，在石上磨，半点不损，他深知发现了宝物。历史上，吴平寨因明嘉靖年间海盗吴平盘踞的贼寨而得名，后被民族英雄戚继光协同广东都督俞大猷征剿、平荡。最后吴平逃至海边杀了待守十八堀的胞妹，埋了银子夺舟逃出海去，后走投无路投海自杀了。吴平寨向来传说埋有金银财宝，于是，康耀美把这些金砖运回家。后来，他辗转大陆将金砖卖掉，发了一次小财，有了资本的康氏兄弟便在深澳办起了小酒厂。

办酒厂得有好水源。一天，康耀美挑起水桶寻水源，走了几个乡里都不甚中意，累了便在路边的树下歇脚，打盹。睡梦中，他梦见有一鹤发童颜的老者问道：“奴啊，你为何在此睡觉？”耀美说：“想找好水源酿酒，走了一大圈都没中意的，累了在此歇一下。”老者笑笑对他说：“树下的坑水，是有名的‘石目’水，水质甚佳，可供酿酒。”顿时一觉醒来，不见老者，只见树下刚好有一坑清水，他深感惊奇，就捧起清水洗脸，果然清凉无比。当即他把水挑回酿酒，果然醇香醉人。酒厂生意随之兴隆起来，康家又发了财。

为更好地发展，征得兄弟同意，康耀美离开南澳前往揭阳县城创办合美糖行，经营榨糖业。一天黄昏，一位路马（古代邮递员）呈交一封来自上海，封面写着“揭阳含美糖行启”的信，他猜想此信于糖价行情有关，便热情招待误进本行的路马，并向他了解上海的糖价行情。原来，当时上海糖价猛涨，那信是催含美糖行的速购食糖运往上海。含美糖行就在康耀的合美糖行的隔壁，“含”与“合”仅一字之差，路马远道而至，时值傍晚，竟把应送往“含美糖行”的信件错送往“合美糖行”。康耀美先让路马吃完晚餐，安排歇住，然后火速筹款，发动伙计当晚便把食糖抢购一空。

翌日一早，康耀美才告诉路马“含美糖行”在隔壁，请他把信件送过去。那“含美糖行”行主看完信后即令手下购糖，不料整个揭阳县城的糖昨夜已被抢购一空。于是他灵机一动，把全城的糖袋抢购一空。结果和气生财，两家糖行合伙做了这笔大生意，大家都由此发了大财。

康耀美发迹之后，衣锦还乡，富甲一方，被南澳人称为康百万。

为了昭示荣耀，嘉庆十七年（1812 年）康百万择地建设自己的家园——康氏宗祠为三间四进三天井二火巷格局，左右有从厝，后包围护。主座进深约 55 米，面宽 28 米，面积有 1 530 平方米，有厅房 52 间。首进为大门，门悬“京兆世家”门匾，大门后为门楼亭，上盖硬山顶，大门简朴。门后为外埕，过外埕为二进，二进为三山门楼，中间是一凹斗门楼，门额刻有“康氏宗祠”，背镌“和气致祥”。中门前置一对油麻石鼓，做工精细，当年号称“名盖九县”，四周门楼石壁肚镶有六幅浮雕花鸟石雕。门楼梁架上饰满精雕细刻鳌鱼、孔雀等石雕装饰。屋檐下喷水柱上有一对倒挂镂空石雕花篮，尽管其雕刻工艺水平还未达到清末民初那样高的水平，但它是目前所见到的潮汕石雕

凹斗门楼倒挂石雕花篮

镂空通雕最早的实物，显得十分珍贵。门楼后为前厅两侧各有一间前库房，前厅后为中庭，也就是俗称的“天井”。天井两边是连接二、三进的通廊，通廊墙上镶八方家传石刻书法，铭文分忠发、孝发、悌发、敬发，礼发、义发、廉发和节发共八篇。它们有着弘扬文化、教化子孙，宣扬伦理道德之作用，对后代起着教育、警示的作用。天井后为三进主座大厅，大厅分前、后两部分。屋面为勾连搭，漏母槽收水。前部分起前廊和类似拜亭的作用，后部分为宗祠大厅。大厅前装有一组（枛）门，大厅正中悬挂“裕德堂”堂匾，大厅内安神龛，安放有祖先牌位。这里为康氏子孙世代会宗祭祖之公共厅堂。大厅后为四进，也就是后包，它与从厝主要供族人居住。

据说康氏宗祠为“蟹地”，外埕于天井各有两个龙缸是“蟹眼”。神龛下方，总留有一堆沙子。每当涨潮，干沙立即变湿，而当退潮时，沙便逐渐变干，而海水在离祠堂还有百多米的距离。据说，这一奇妙景象至今仍然可以看到。

从前厅看主座

梁架木雕装饰——狮座

梁架木雕装饰——夔龙

康氏宗祠有四个大龙缸，在20世纪20年代祠堂改为公用后已经散失，移作他用。一个在供销社装糖，一个在发电厂装柴油。发电厂1975年停业拍卖用品，独有这个大龙缸既笨重又占地方，故无人愿买。后被深澳慈济善堂副理事长邱继刚独具慧眼出资买下，他原想赠予重修的金山寺以点缀风景，后得知康厝祠理事会有心收回当年散失之龙缸，而且当时归三欠一，他立即完璧归赵，无偿奉还，另出一千元给金山寺让其另购龙缸栽莲，方得两全其美，此事成为人们茶余饭后之美谈。大龙缸，缸黄绿色，缸面浮雕图案精美，有龙吐珠、凤展翅、鹤戏水，又有梅、兰、菊、竹，光彩夺目。它几经波折才得复归，也是难得。

康氏宗祠建成之后，康百万还向朝廷捐得诰授“朝议大夫”，在新建的豪宅大门门匾刻下“大夫第”三个大字。此后，子孙有六人分别捐得“朝议大夫”、“奉直大夫”官衔，康氏家族盛极一时。

康氏宗祠地处海岛，在清嘉庆年间建筑就达到了相当高的水平，为后人研究当年南澳岛建筑、民俗风情提供了实物，十分珍贵。

4. 聚祖公祠

聚祖公祠，位于揭西县凤江镇阳厦乡，始建于清代中期，咸丰年间重修，近代再修。祠堂坐东朝西，祠宽19.50米，进深26.40米，是一座二落二从厝二花巷的庭院式祠堂建筑。它建筑独特，做工精巧，加上历史上多次重修，使它成为一座别具一格的潮汕乡土建筑。

祠堂外观

祠堂始建于清代中期，历史上因遭兵抄，毁了一部分，后经两次修缮，基于这一历史原因，使它具有清中期至近代的多种建筑的特点。在平面布局上，整座祠堂严谨方正，建筑上采用中轴线对称，中规中矩，保留着传统建筑强调布局均衡、对称的特色。立面上采用外封闭、内开敞，表现出不求外显而求内涵的特点。在形式上采用一些较独特的做法，通廊与从厝花巷用墙亭连接，采用开敞形式，形成了一大四小的五个天井，使祠堂又具有出众的特色。

天井与拜亭

当人们沿着村道，经一方清澈的池塘边进入村中，就可见到池塘东边的祠堂。祠堂前有参天大榕树和宽敞的大灰埕，站在大灰埕上首先可看到祠堂古朴、大方的正面外观。正中为凹斗门楼，门楼为三山门，大门设置在前座中脊下，凹斗门楼显得特别深，非常宽敞。门前立花篮础加河狮四棱檐柱，柱上悬有倒挂石雕花篮，马面坡屋架饰满石雕饰品，梁上左右各有一对石雕鳌鱼。中门前列石鼓一对，门首横额刻“聚祖公祠”，两侧石壁肚各有两幅属花鸟和历史故事题材的石雕。走过大门为前厅，在前厅，可见到天井中间的拜亭，拜亭面阔进深均为一间，立有八柱，外柱为八棱檐柱，内柱为四棱立柱起河狮线，八柱均有花篮础，此拜亭采用目前在潮汕地区能见到最高规格的重檐歇山顶屋顶。拜亭采用重檐歇山顶，增加了内部结构层次，为装饰提供了更多的空间，由于拜亭坐落在天井中央，又是人们进入祠堂的视角中心，艺人一般都把最为精彩的装饰用在拜亭上。在这里，拜亭的装饰表现更为突出，首先拜亭檫下全部用刻有关于戏剧和历史故事人物的金漆木雕，结构上的托架全部用飞翔的凤凰和祥云装饰，达到了技术和艺术的完美结合。

拜亭戗脊

拜亭梁架

拜亭凤凰托架

据了解，当年重修时请了两班工匠，各做一边进行竞赛，俗称“斗工”，这种竞争形式激发了工匠的创作热情，努力提高技艺，在内容形式、构思上力求做工精益求精、追求尽善尽美。拜亭就是在这种氛围中建造的。今天我们可看到的拜亭除了形制相同外，两边的木雕装饰从造型上表现手法不尽相同，最终达到相映争辉的效果。拜亭檫下的金漆木雕，造型生动，内容丰富，人物逼真，表现手法细腻，镂空透雕，精雕细刻，具有玲珑剔透的艺术效果。用人物题材作为拜亭檫下的装饰，也是较为独特的，这些都充分反映出当时人们的审美情趣和工匠精湛的技艺，是很难得的金漆木雕艺术品。拜亭后面为祠堂主座大厅，它们屋面相连，平面呈凸字形，面阔三间，立四棱檐柱，明间立花篮础八棱梭形金柱。金柱上置“三橼五木瓜、五脏内十八块花坯”抬梁式梁架。大厅正中悬挂“笃庆堂”，布置对称而庄严，橼下构架工整华丽，画彩贴金，是后人敬奉祖先的地方。

在过去，祠堂是作为一个宗族的精神核心，也是代表宗族权力的神圣场所，通过族人的祭祀活动，能够加强族人的内聚力、亲和力，从而进一步树立宗族的权威。其目的都是为了追祖德，报宗功，敦睦族谊，加强宗族的凝聚力，更好地传承血脉，延续荣光，因而人们在建造时往往集中了一族人最大的人力、物力、财力，使之成为汇集建筑艺术和各种民间工艺的精华场所。聚祖公祠正是在这一环境下建造的，加上它前后经历了多次建造、重修、再重修，最后用两班不同工匠制作完成，具有较高的建造水平，沉积了一定的历史文化信息，使它在潮汕传统建筑中别具一格。

5. 己略黄公祠

己略黄公祠坐落在潮州古城义安路铁巷头，建于清光绪十三年(1887年)。祠堂坐北向南偏东20°，面宽18.54米，进深25.70米，现有建筑面积550平方米；分前、后两进，中间为天井，后进前为一拜亭，左右有厝巷，厝巷厅和主座通廊在厝巷的地方用过墙亭连接，采用开敞形式，面对中央大天井，形成一个四厅相向格局。原来的厝巷剩下了过墙亭前后两个小天井，祠堂也就有一大四小五个天井。己略黄公祠是一座具潮汕传统特色的庭院式建筑，这座祠堂规模不大，但集潮汕传统建筑艺术之大成。不论石雕、木雕、金漆画、嵌瓷，无不应有尽有，而且雕刻做工精巧华丽，令人称绝。

当我们走过古城义安路，来到铁巷头，就可看到己略黄公祠。首先见到的是祠堂正面外观，正中为凹斗门楼，门楼全部为石作，门首横额正面阳刻“己略黄公祠”，背面镌有“孝思维则”，门楼石壁有四幅沉刻书法石刻，内容为嘉应人氏温仲和题写的“己略黄公祠颂”和两幅沉刻图画。门楼马面坡屋架装有关于《封神演义》神话人物故事的石雕饰品，其中有周文王骑马打猎，路边樵夫武吉，绿柳溪边垂钓的姜尚，坐轮中姜太公统率大军浩浩荡荡东奔朝歌灭商，还有骑狮的闻太师，手执铁棍和金圈跃上天空的哪吒，尖嘴、有双翼者的雷震子，以及听到下边告急消息、脸上现出又急又怒神色的商纣王和身旁两个丑态百出的佞臣……这些石雕饰品，宛如一幅立体的连环画或卷轴图画，人物造型千姿百态，表情生动、惟妙惟肖，刻画出古代西周时期一个轰轰烈烈的历史场景。同时，工匠根据结构要求，主受力的梁用浮雕刻，不影响结构受力，其他用通雕刻，安装在一起既符合结构要求又适合审美观赏，充分体现了工匠构思的巧妙。

俯瞰祠堂

饰满精美石雕的门楼梁架

走过门楼，进入前厅，前厅的门楼背面有丹凤朝阳、岁寒三友、八骏图等四幅浮雕石刻，石刻通过绘画与石雕手法的完美结合，使得作品雅俗共赏。前厅梁架花坯用故事人物装饰，其中西面梁用浮雕刻划《五知传》，它是宋朝人李若拙结合自己一生沉浮经历而作的传记。五知即知时、知难、知命、知退、知足，后人也将其称为知足常乐。艺人很巧妙地借场景将内容分成五部分，从中体现了五知。下雕饰即用通雕人物，内容为古代人物题材，人物众多，场景热烈。

过前进屏门，可见到祠堂中央的天井，天井种有花草，一派春意盎然的景色，别有一番情趣。潮汕建筑的天井，一般不大，讲究精巧和雅致，通常摆有花盆、莲缸，并种有花草，养有金鱼，环境幽雅、恬静。在这种环境中生活的潮汕人，按部就班地品味着工夫茶和从容不迫地弹着流水行云般的潮州弦诗，陶冶着儒雅的民性，保持着那种讲究精致的心理。

在主座大厅前，天井中央，有一拜亭。拜亭位于祠堂平面构图中心，又是人们进入祠堂后的视角中心。它的屋顶采用有别于前、后进屋面硬山顶的歇山顶，这样使拜亭屋顶与四周的两坡硬山顶屋顶形成既突出又有变化的格局，丰富了整个祠堂屋顶的外观。拜亭下的金漆木雕装饰是祠堂最为集中、最为精彩的地方。这些金漆木雕内容以戏剧故事、神话、民间故事为题材，如“水漫金山”，用连环画的形式，

天井与拜亭

再现了白娘子与法海斗法的壮观场面，人物造型生动，虾兵蟹将栩栩如生。特别是两边檝下雕饰，东面取材于《隋唐演义》中“李元霸举金狮”的故事。李元霸是唐高祖李渊的儿子、李世民的弟弟，虽年仅十二，双臂却有“四象不过之勇”，被誉为隋唐第一猛将。作品中间手举金狮的便是李元霸。西边取材于《史记·高祖本纪》中“约法三章”的历史故事，公元前206年，刘邦率领大军攻入关中，子婴仅当了46天的秦王，便向刘邦投降。进入咸阳后，刘邦封秦重宝财物府库，还军霸上，召集关中各县的父老豪杰，向他们宣布要废除秦朝的严刑苛法，并约定不论是谁，都要遵守三条法律。这三条法律是：杀人者要处死，伤人者要抵罪，盗窃者也要判罪。由于坚决执行约法三章，刘邦得到了百姓的信任、拥护、支持，最后取得天下，建立了西汉王朝。艺人在有限的空间内分别刻画出40多个不同造型的人物，采用虚拟空间的手法，在同一块木雕版面把发生在不同时空的事物同时表现出来，以便交代故事的发展情节、人物的种种关系。长者坐在中央高堂上，左右人物及场景朝向中央，以简单的门、墙、亭台楼阁相隔，从而巧妙地显示出各组人物与情节的主次、先后和空间关系。艺人独具匠心地把无声的画面刻画得有声有色，人物形象惟妙惟肖、生动多姿。在技法上采取了圆雕、沉雕、浮雕、镂空等不同手法，突破了空间和时间的限制，形象地表现了多层次的复杂内容，展现了汉唐历史故事与场景，是潮汕金漆木雕精品之作。更令人赞叹的是拜亭下两边装有十八只金漆木雕凤凰。凤凰是传说中的灵鸟，它出现则天下安宁，飞翔时众鸟随之，故有“百鸟之王”、“万禽之王”之称。因凤凰不吃活虫，不踩生茸，非梧桐不栖，非竹子不吃，也善于歌舞，所以有高雅、尊贵之象征。它的羽毛甚美，古人以首羽为智、翼羽为礼、背羽为义、肩羽为仁、腹羽为信，称它为仁义礼智信这五种美德的象征。艺人在此将其造型塑造得传神生动、工艺制作精雕细刻，给人以丰富的联想，寓意吉祥。它同其他内容的金漆木雕融为一体，展现出一个金碧辉煌、精美绝伦的装饰空间。这些金漆木雕饰品除观赏外，还能从感觉上把沉重的梁架升腾，减少屋顶空间的压制感。那十八只凤凰，头上顶着梁还起着斗拱作用，这真是艺术和建筑奇妙结合的佳作，构思与工艺之精妙令人叹为观止。

拜亭梁架

拜亭凤凰木雕装饰

沿天井四周还有许多根据不同题材和不同用途，灵活运用得恰到好处的木雕构件。前厅挑檐下有一对雀替，分别安排古今两个内容，特别是右边的雀替，艺人在这件作品中充分利用空间、整体布局，构图丰满，在极小的空间里由表至里多层镂通雕刻了十多个形态多姿的人物：在喂奶的母亲、外出打工归来的丈夫、站在街边待工的脚夫、楼上弈棋的长者、在广场比武的勇者、拍手称好的观者……通过对这些不同阶层的人物的各种动作、形态、表情、眼神、须眉、衣纹的生动刻画，向人们展现了清末年间潮汕社会的世俗风情。两边檐廊梁上还雕刻有当年村野路上社会各界人士赶路时的世间百态，蕴涵着浓郁的生活气息，极为生动。南北厅梁上也饰满各种精美的花鸟鱼虫，内

容极为丰富，构思巧妙，造型庄重华丽。这些木雕饰品吸收了许多民间艺术的长处，题材丰富，手法别致，刀法讲究，达到了技巧、意境、情趣的完美结合，将闲情逸趣与诗情画意融合于一块块木雕饰品上。题材上，以乡间村野、市镇集市、山水楼台、花鸟祥兽、各界人士为蓝本；表现手法上，善于将复杂的景物予以高度概括，以少见多、以小见大、疏密有致，把绘画技巧和刀法技巧融为一体，充分展现出潮州木雕雕工精巧、剔透玲珑、金碧辉煌的工艺特色。

前厅屐下木雕雀替

檐廊梁架

走过拜亭，是大厅前檐廊，东西两侧梁架上分别安有一对狮子。东面狮子上雕有一组神仙和道士人物，寓意“师以载道”；西面狮子上也雕有一组读书人和达官贵人，寓意“名师出高徒”。过檐廊就是祠堂大厅，大厅前门楣有长卷式描金漆画《郭子仪拜寿》，画面表现了唐朝文武官员到汾阳府向郭子仪拜寿的热闹情景。工匠以长卷式平列铺陈，充分利用空间，使不同时间不同空间活动的人物同时出现，中间一段是故事情节中心，场面较大，郭子仪夫妇坐于汾阳府中接受众人拜贺。左右两段场面较小，以墙门相隔但又可相通，通过不同空间的人物情节、人物的服饰和彼此间的关系，让人们联想到当时汾阳

大厅前门楣的描金漆画《郭子仪拜寿》

府中冠盖云集、气氛热闹的场面。该画工整秀丽、勾勒纤细、层次丰富、形象逼真，充分表现了潮州描金漆画古朴浑厚和华丽辉煌的工艺特色，是一幅相当难得的民间艺术精品。进入大厅，抬头可见大厅悬挂的堂匾“衍庆堂”，大厅宽敞，恢弘大气。大厅中槽为典型的“三欉五木瓜、五脏内十八块花坯”抬梁式梁架，该梁架设有七架梁、五架梁、三架梁三根大梁，俗称“三欉”。梁上有驮瓜柱，瓜柱下部作一木瓜插入大梁，故俗称“木瓜”。最具特色的是瓜柱间用多层拱枋穿插托垫，具有穿斗梁架的某些特色，同时瓜柱也以多层装饰过的拱枋相连。整个构架全部上漆描金，凸显了祠堂金碧辉煌又稳重端庄的气氛。在这里人们可看到民间艺人用石雕、木雕、描金漆画等工艺，通过对戏剧故事、神话传奇和历史人物的刻画、塑造，抒发了人们对英雄人物的敬仰之情，表达了人们对善恶美丑的判断，寄托了人们对幸福美好的向往与追求。同时，也激发了民间艺人的创作热情，民间艺人将戏剧中、神话中、历史人物中人们所喜爱和熟悉的人物形象与场景，经过巧妙的艺术加工创作出一件件工艺品安装在建筑上，除给人以赏心悦目的艺术享受外，更深层的意义是展示了传统文化、维系了人们的思

大厅牌匾与神龛

大厅“三欉五木瓜，五脏内十八花坯”梁架

想、达成了社会共识。

己略黄公祠以精美绝伦的潮汕木雕装饰艺术著称，又集中体现了清末潮汕民居建筑的艺术特色，是潮汕乡土建筑的经典之作。己略黄公祠于2001年被公布为全国重点文物保护单位，其保存的琳琅满目、精美绝伦的金漆木雕装饰令人叹为奇观。

神龛龛门金漆木雕（百忍堂）

（三）村寨、土楼

1. 龙湖寨

潮州市潮安县龙湖镇龙湖寨，位于汕头市与潮州市中间的韩江边。始创于北宋，因东临韩江，西、南、北三面池塘环绕，故古称塘湖寨。

龙湖寨北门

龙湖寨呈带状，南北走向，面积约1.5平方千米。寨开五门，为北门、南门、西门、上东门、下东门。人们来到北门，首先可以看到一座古朴寨门，门首有清代潮州兵备道梁国治题写的“龙湖”匾额，寨门两边有以“龙湖”两字为冠首的篆书门联：“龙气透迤紫微入首，湖光环绕太乙通疏”。冠首又称“藏头”或“丹顶”，是对联常用的一种修辞技巧，这幅嵌字对联用比较典雅的词句勾勒出龙湖的人杰地灵的历史。过寨门有一贯穿南北的街道——直街。直街是龙湖寨主要街道，中央用长条形的石条摆成一直线，正如龙脊，两旁用不规则的石头砌成龟背形路面，更像龙鳞，两边各有一条排水沟。寨首尾各有一湖互相呼应，登高鸟瞰时它犹如一神气威武的神龙腾跃于雾气迷蒙的湖面上，因而在明嘉靖以后，塘湖改名龙湖。

龙湖寨模型

龙湖寨街巷

龙湖寨的格局是先人按照地舆学的九宫八卦来修建的，它在直街东面有新街、上东门街、下东门街三条小巷，被称为“三街”；西面有五宫巷、隆庆巷、福兴巷、中平巷、西巷、伯公巷六条小巷，被称为“六巷”；人们把这种特有的格局称为“三街六巷”。寨中汇聚了一大批宗祠、宅邸、宫庙等建筑，至今保存得较为完整的有一百多座，是研究潮汕宅邸不可多得的实物素材。

历史上的龙湖寨水陆交通便利，后来发展成为繁荣的商埠，商业贸易十分活跃；后因海岸线逐渐南移，其海运口岸功能逐渐退化，龙湖逐渐成为内陆镇。龙湖寨全盛时期是一个望族聚居、富商云集的商埠。从聚落总体来看，它一反潮汕乡村聚落一般是一姓一乡或数姓一乡的常态，其聚居姓氏多达五十余姓。姓氏繁多，宗派林立的杂居聚落在潮汕乡土聚落中极为少见。因地理条件的限制，大部分宅邸无法按传统习惯横向发展，如三壁联、五壁联等形式，只能多沿中轴纵向发展，形成多进院落，个别宅邸多达八进之多，这些多进院落的平面布局在潮汕是甚为罕见的。宗族林立的杂居聚落、多进院落的平面布局、千年历史的沉积，使龙湖寨在潮汕地区独具特色，赢得了“潮居典范，祠第千家，书香万代”之美誉。其中较著名的宅邸有许氏宗祠、福茂内大厝、方伯第等。

许氏宗祠，位于直街中段，始建于明成化十六年（1480 年），正德十六年（1521 年）即辛巳年落成，历时四十二年，初称二世宜祠，至今有五百多年历史。清顺治至康熙前期（1644—1680 年）进行扩建，成为人们现今见到的许氏宗祠。祠堂坐西朝东、占地面积966 为平方米，建筑面积为660 平方米，分四进布局，从三山门至后厅底面宽 15. 6 米，进深42. 3 米。清代年间祠堂屡有修葺，清光绪二十二年（1896 年）丙申四栋合修，1995 年乙亥再重修，祠堂基本保存原貌。

龙湖寨许氏宗祠（三山门）

龙湖寨许氏宗祠（中厅）

祠堂正面临街，首进为大门，木质门框，门额书有“许氏宗祠”。有一对面刻十六片花瓣的门簪，二进为三山门，三门并立，中门称“鞠躬门”，上悬“鞠躬”匾，两旁置石鼓一对，此门须举行祀典或接待贵客时才开。三进为中厅，悬挂“明序堂”牌匾，是宗族聚会或举行宗族大典之所。四进为后厅“著存堂”，是举行祭祀之所，厅正中神龛供奉祠堂先祖牌位，堂上悬有明礼部尚书盛端明题写的“著存”匾。

许氏宗祠建筑坚固古朴，建造时多用石料，天井埕面都用大石板铺成，连廊与进阶也砌以匡石，后厅走廊用长方形匡石砌成，中间一块为612 厘米。厅堂石柱巨大，后厅四根金柱为正八角形，边长 16. 2 厘米，外接圆直径 42. 4 厘米，下有花篮础面刻有八仙法宝图案。祠堂中厅金柱上置“三檝五木瓜”梁架，二、三均作拐弧与瓜柱连接，瓜柱上置有斗拱，增强构架刚接，瓜柱之间有弯板连接，与之间装饰有楚花花坯，下有鳌鱼雀替装饰。后厅金柱上置“三檝”，之间用祥云垫块，梁架简洁、大气，在潮汕乡土建筑中独具特色。

龙湖寨许氏宗祠（后座梁架）

许氏宗祠历史久远，屡有重修，保存着各个时期的建筑特色，沉积着各个时期建筑的文化。

福茂内位于隆庆巷，坐南朝北，建于清光绪年间（1875—1909年），占地面积约为630平方米，建筑格局为三进一后包一火巷，民间俗称“单佩剑”，是一座配套完整具有典型潮汕特色的大型民居建筑。

福茂内门上使用一条长达12.8米的檐口楹，目的是为了避免使用挑檐梁头直冲对面的尚友祠大门，以免发生纠纷。中座采用石地袱，全木作构架，四角用红木作为支柱，梁架上装饰有精致的金漆木雕。后厅檐廊上也装有精美的金漆木雕。

该大厝主座建筑基本保存完整，后包、火巷从厝、书斋、交德居破损严重，令人感觉有些遗憾，但它作为一座典型的潮式宅邸仍很引人瞩目。

龙湖寨福茂内——门楼

龙湖寨福茂内，天井与大厅桷门

方伯第位于隆庆巷，建于1919年，于1923年落成。系明布政使刘子兴的后裔、旅叻侨胞刘正兴耗资13万银元在先祖府第旧址重建。宅第坐北朝南，占地面积为1 642平方米，建筑面积为700平方米，由一座面阔五间、五进院落的厝座和后花园、配套二花巷一从厝组成。有大小9个厅堂、24个房间、6个天井庭院、2条花巷，是一座布局合理、功能齐全、用料讲究、装饰典雅的潮式宅邸。

龙湖寨方伯第——二进门楼

从北面寨门进入直街，再由直街上弯入隆庆巷，就可见到方伯第。宅第门楼临巷，为一全部石作的凹斗门楼，门上悬有“进士第”匾额，脊镌“鹤算龟龄”，门楼肚刻有民国年间潮汕著名大书法家陈景仁题写的“继志述事光前烈，成德达材启后人”的门联和四幅书法石刻。门楼左右各有三房间，组成七开间反照，过了门楼，为一大灰埕，灰埕北面为第二进厝座。中间为二进大门，左右为从厝花巷门楼，二进大门也悬有“方伯第”门匾，背镌“丰沛旧家”，门楼肚四周也有各家题写的“继业荣朱第、成功耀紫门”等门联和书法作品。二进为五开间，中间为门厅，左右四房。过门厅为天井，天井上方为第三进。正中为后厅，俗称“祖公厅”，原有匾额“绥戒堂”，两旁有四个房间，天井左右有南北厅，面向天井。后厅后面为第四进后包，一厅四房，面前为后包天井，左右有门楼通从厝花巷。过了后包为第五进浮坛，面阔也为五间，平时一般作书斋会客用，前面同样设有天井，左右有门楼通从厝花巷。浮坛后面为后花园和厕所砻间、更楼等，浮坛中间会客厅屋面与后花园墙作过墙亭连接。过墙亭两边各有一个小天井，非常别致又有利于采光、通风。主座大厝西面和相邻的太卿第相隔是一花巷，东面同样为一花巷，配置二厅五房从厝及厨房。由此可看到方伯第以三进后厅为中心，先与二进围合成一个中心院落，再与临巷的反照、后包，东边的从厝和西边围埕围合成大院落，配置作为书斋接待会客的浮坛和后花园，组成了一个功能设置完善、布局合理的大宅院。

龙湖寨方伯第——三进与后厅

龙湖寨方伯第——花巷

这座宅邸外围四周全是实墙，以对外封闭而对内开敞的格局，显现出一种向心凝聚的氛围，可以说它是潮汕人内敛、谦让的性格在宅邸上的表现。走出去是一个世界，关起门来又是一番天地，有隔绝外扰，兼具相当的防御功能。它不仅有家的感觉，还让人有接受传统文化洗礼的享受。

纵观方伯第，尽管目前已经开放，供人们参观，但这座大厝只存建筑本身，里面的家具配套早已散失，很难真正反映整座价值，不过它始终能为人们提供一个反映清末民初潮汕宅邸建筑的实物。

2. 永宁寨

永宁寨，位于澄海市隆都前美村，由清康熙年间在北京当知县的乡人陈廷光请当时的国师郭禹藩设计，于清康熙六十一年（1722 年）动工兴建，至清雍正十年（1732 年）建成。

永宁寨占地面积 10 333 平方米，为正方形寨，坐西南朝东北，正对着莲花山，前面是绿野平畴，周围河渠交错。四面寨墙三面高、一面低，全部用贝灰沙打夯而成，坚如磐石，至今保存完好。两侧和后面寨墙高达 8 米，厚度自下而上为 0.5 ~ 0.2 米，如此稳固的高墙，人难攀登，洪水也不易逾越。前面寨墙虽然偏低，但俯临大池塘，有很好的防盗功能。全寨开二大一小三个寨门，小寨门开在后寨墙两侧，两个大寨门对应开在左右两面寨墙前端，是出入寨的主门。大门高达 5 米，宽有 1.5 米，门顶拱形，由 11 块条石砌成，门扇厚为 0.1 米。旧时，寨门一紧闭，不论洪水和盗贼都难以进入，两个大寨门上面还相对建有寨门楼和瞭望窗口，作为守夜值更防卫专用。后面寨墙的东南角还建造了一个方形的碉堡式建筑物，俗称“寨耳”，是旧时守更岗楼，上下有枪眼，控制着寨后和寨右墙外的通道。寨内房屋和灰埕依地势而筑，前低后高，分三个级次。寨内布局，前面是横向三座类似“四点金”的祀祖公厅，构成俗称三壁联的格局，中间的中翰第，左右两侧建有花巷和从厝，三壁联公厅后，建有多座庭院式（天井）建筑，形成纵横九条巷道，左右和后面沿寨墙建有二层楼包屋，连四周寨墙包屋在内，全寨共有厅房210间。

永宁寨寨门

永宁寨外观

永宁寨中翰第内景

永宁寨从厝巷门

寨前灰埕分上下二埕，最前端靠前寨墙的是下埕，靠公厅前的是上埕，上埕是游神赛会和祭祖的场地，下埕中间是戏台用地。演戏时男人在下埕戏台前观看，上埕是妇幼座位，互不干扰。下埕比上埕低大约0.7米，左侧边有一八卦形大井，不论旱涝，足供全寨收水需求，将雨水收入下埕水沟排水护寨池。

永宁寨，是建造者祈望永远安宁，故称永宁寨，它的建筑特点是防护功能非常完善，具有防涝、防盗、防风、防震多方面的功能。该寨地处韩江下游多涝低洼地，建寨时挖寨河泥沙填寨地埕，使其高出地面1～1.5米，高于平常河沟水面2～2.5米，一般洪涝不能进寨，遇到特大洪涝，将寨门关闭，也可保无虞。寨前护寨河可通舟楫，货物能从前寨墙搬入，不致受困，另有楼阁可居住或放置防湿之谷物财物，久雨久涝，也无生活之危机。

永宁寨外埕八卦形水井

3. 东里寨

东里寨，位于潮阳沙陇（现潮南陇田镇），建于清乾隆二十八年（1763年），为当年潮阳四大豪富之一的郑毓琮之孙峻峰等所建。占地面积为14384平方米，由家庙和12座三进三落厝与15座“下山虎”院落组成，包括环寨墙的平房建筑，共有房屋416间，是一座人文底蕴深厚、风韵独特的古村寨。

俯瞰东里寨

东里寨寨门

东里寨为一方形寨，有长112米、宽114米的寨墙，寨墙厚达60厘米，世人称“东里寨墙可跑马”。寨有正、东、西三门，正门坐南向北，上有牌楼。上匾有清乾隆年间棉城进士萧重光所书的“东里腾辉”。东门匾书“函元”二字，西门匾书“配极”二字，寨墙四角各有更楼，更楼延伸出寨墙外1.5米，上面修有跑道，可交通四楼。四

楼还留有枪炮口，互为呼应，有一夫当关、万夫莫开之势。

东里寨祠堂天井与中座

从正门进入寨内，迎面为一大灰埕，灰埕南面可见一七壁连建筑，正中为家庙，是潮阳现存最大的宗祠之一。有趣的是，家庙大门、寨门与峡山祥符塔三点成一直线，被誉为沙陇一景“东里远眺”。站在寨门外，前面平畴千顷，视野开阔，溪流纵横，祥符塔和北山的山峦，远远望去还清晰可见。寨内建筑排列有序，整齐划一，四街八巷穿过其中，邻里往来密切，就像一座独立的小村庄。建筑采用悬山顶、火星式墙头，最后面一排建筑，中间还设有祖公厅，用以祭祀先祖。

东里寨历来名人辈出，著名的旅泰华侨郑午楼内西侧寨墙下的一间房，至今保存完好。郑午楼故居所在的“老东里七巷”有一口水井，是寨里仅有的两口井之一。郑午楼捐资超过千万元，为东里寨修祖祠、巷道，为乡民建饮水工程，建学校医院，设教育基金，做了不少好事。

东里寨街

东里寨巷

近年来，东里寨将原来用于农田生产耕作的农具及过去乡民日常生活的用物收集起来，供世人参观。

4. 道韵楼

道韵楼，位于饶平县三饶镇南联村，始建于明成化十三年（1477年），建成于明万历十五年（1587年），前后历经三代一百多年的不懈努力才完成此楼。至今已有400多年的历史，是迄今被发现的我国境内面积最大的正八角形土楼，2006年被评为第六批全国文物保护单位。

道韵楼主体为土木结构，八角形楼案，占地面积为7 985平方米，建筑面积为6 728米，外围三层，周长328米，高达11.5米，墙厚1.6米，地基高1米、宽2米。中央设有内院，周长136米，直径101.2米，面积有1 500平方米。该楼主体墙体用“三合土”夯筑，“三合土”主要用黄土、贝灰、沙子拌和，渗入红糖水和糯米浆，以增加土墙的坚硬程度。这土墙连铁钉都难以钉入，历经400多年风雨仍完好无损。道韵楼屋面一式厅顶，所有木结构用隼接，固定桷片用竹钉，不用铁钉，地铺青砖。

俯瞰道韵楼

道韵楼平面按八卦图案安排格局，在内院以两眼公用水井为“两仪”，八向三进围屋为“爻画”，明沟暗涵像“阴阳”；楼外环巷另筑围屋八列，构成传统的八卦图形。令人称奇的是，楼内诸多设置和构件皆是以“8”为倍数，如全楼有正房56间，角房16间，共72间，楼内有72个窗户、16个天窗，112架楼梯，楼内除两口公用水井外，还有30口私井，等等。

道韵楼坐南朝北，有正门和旁门两通道与外界联系，正门朝北，旁门朝东。在正门，可见门上悬有明代礼部尚书黄氏族人的宗亲黄锦（字孚元）所题的“道韵楼”匾额，两侧有楹联“道义为本根天下无双克念祖德，韵文光奕叶实华并茂贻厥孙谋”。走过大门，经一窄通

道韵楼——门楼牌匾

道，进入内院（中央的大天井），空间明亮开阔，内院南面有座三开间的厅堂，坐南朝北与大门相对。沿内院有由内至外三环围屋，里面二环围屋为单层，外围围屋为三层，这里一个个大小一样的房间紧紧相连，围成三环围屋，圈出圆圆的天空。土楼内部平面以单元式布局，按八角形分为8部分，每部分有9个开间。其中7间为正房，2间为角房，共有72个开间，按这72个开间分隔成72个单元，每个单元为独立的居住单元，各单元之间完全隔断，互不相通。各单元平面呈窄长梯形，均以内院入口，门户相朝而门不相对，为三进二天井。前、中进为单层平房，中进前后各留出一天井，后进为三层围楼，进深为29米。进门后，依次为前厅、前天井、中厅、后天井、后厅和卧房，卧房三层有独立的楼梯。由于留有两个天井，加上厅房都采用开敞的形式，又朝向内院，所以各单元进深虽大，但光线充足，通风良好。空间有闭有敞，或暗或亮，有层次又有变化，适应了不同的居住使用的要求。用单元分隔，表现出各住户之间较多的独立性和私密性，又有内院作为公共空间，为楼内大家族公共活动和农务操作提供了安全理想的场所，从而形成了由公共性空间向私密性逐渐过渡的不同层次空间的有机联系，满足了聚族而居、共同御外的公共性需求，又适应了家庭生活的独立性和私密性的各种功能使用的需要。

道韵楼——内庭水井

道韵楼在外观造型设计、建筑格局、艺术审美和文物考古、实用价值等方面都体现了“古、大、特、奇、美”五大特色，也体现了它在考古、科研、艺术等方面具有的较高艺术、文物考古价值。

5. 新彩楼

新彩楼，位于饶平县饶洋镇赤棠村，建于明万历年间（1573—1620年）。它背靠“西岩山”，坐东偏南23°，建筑面积为2 769.8方米，直径为59.4米，周长186.59米。该楼为四层圆形土楼，高达13.6米，是潮汕地区现存的楼层最多、高度最高的土楼，现保存完好。2002年7月被广东省政府公布为省级文物保护单位。

俯瞰新彩楼

从四层走廊看新彩楼内景

人们从公路弯入村道，穿过一条小巷，新彩楼赫然出现在眼前。楼前有一口水塘，水塘与围楼之间有一个旷埕。新彩楼为圆形土楼，斑驳的土黄色围墙显得十分高大。当人们走近该楼，立在眼前的是那十几米高、圆圆的封闭的土墙和那巨大的瓦顶出檐。仰望这庞然大物，不能不感受到一种无形的压力，在它面前感觉自己变得渺小，相形之下更感觉它的壮丽与宏伟。从圆楼唯一的大门可进入圆形土楼围合内院，内院位于圆楼中心，环周的围楼全部用承重墙分隔成32开间，一层层檐廊与一排排承重墙组成极有节奏的重复韵律，黑色的瓦顶勾画出一个圆圆的天空。在圆楼内院中人们所见到的形象与圆楼外观形成强烈的对比。它的外观与内部采取了两种完全不同的尺度系统，外观采用巨大的体积，使人觉得自己变得渺小，给人一种敬畏感、压迫感，这正是犹如一座壁垒森严的城堡的圆楼其防卫性的一种外部体现。与此相反，进入圆楼内部，完全是另一个天地，另一种感受，这里是以人为本的尺度系统，按照人性化的宜人的小尺度来安排层高与开间，按人的生活习俗来设计理想环境。新彩楼通过外部空间的大尺度处理与内部空间的小尺度处理的鲜明对比，来展现它的建筑空间的特点。

新彩楼平面以单元式布局，中心是一个很大的圆形内院，内院用卵石铺地，便于晾晒谷物；有两口公用水井，水质清甜可口，便于多人同时提水。内院作为公共空间，为楼内的居民公共活动和农务操作提供了安全的场所。圆楼按 32 个开间分隔成 32 个单元，每个开间为一个独立的居住单元。各单元之间完全隔断，互不相通。

新彩楼的空间序列是统一而平均、严格而规整的。主要构件的大小尺寸是统一的，内院的弹性空间是公共的，分配开间时不分贵富贫贱，是高度平等的，它所代表的是圆满、团圆、平均的观念，是一种聚族而居、共同御外的建筑形式；但同时又保持了家庭生活的独立性，避免了相互干扰，无疑是一个成功的居住样式。新彩楼在极为严峻苛刻、艰险的生存环境中曾经发挥过良好作用，它所包含的智慧、理想，以及富含文化气息的建筑艺术，值得人们去深入研究。

新彩楼内庭

参考文献

[1] 潮汕百科全书. 北京：中国大百科全书出版社，1994.

[2] 黄挺、陈占山. 潮汕史（上册）. 广州：广东人民出版社，2001.

[3] 黄挺. 潮汕文化源流. 广州：广东高等教育出版社，1997.

[4] 陈泽泓. 潮汕文化概说. 广州：广东人民出版社，2001.

[5] 陆元鼎. 中国民居建筑. 广州：华南理工大学出版社，2003.

[6] 李哲扬. 潮州传统建筑·大木构架. 广州：广东人民出版社，2009.

[7] 沈冰虹. 岭南第一侨宅. 汕头：汕头大学出版社，2001.

[8] 曹春平. 闽南传统建筑. 厦门：厦门大学出版社，2006.

[9] 林从华. 缘与源——闽台传统建筑与历史渊源. 北京：中国建筑工业出版社，2006.

[10] 张道一，唐家路. 中国古代建筑·木雕. 南京：江苏美术出版社，2006.

[11] 张道一，唐家路. 中国古代建筑·石雕. 南京：江苏美术出版社，2006.

[12] 戴志坚. 福建民居. 北京：中国建筑工业出版社，2009.

[13] 陆琦. 广东民居. 北京：中国建筑工业出版社，2008.

[14] 赵新良. 诗意栖居——中国传统民居的文化解读. 北京：中国建筑工业出版社，2009.

[15] 潮州市建设局. 潮州古建筑. 北京：中国建筑工业出版社，2008.

[16] 黄汉民. 客家土楼民居. 福州：福建教育出版社，1995.

[17] 陈建军. 大壮·适形：中国建筑·匠意. 沈阳：辽宁人民出版社，2006.

[18] 眭谦. 四面围合：中国建筑·院落. 沈阳：辽宁人民出版社，2006.

[19] 余英. 中国东南系建筑区系类型研究. 北京：中国建筑出版社，2001.

[20] 陈历明. 潮汕文物志. 汕头市文物管理委员会办公室编印，1985.

[21] 黄继澍. 潮州史志资料选编·古城概览. 潮州市地方志办公室编印，2003.

[22] 沈坚和. 龙湖寨文化史谭. 潮安县龙湖镇人民政府、潮安县政协文史委员会编印，2005.

[23] 广东历史学会、普宁市市场物业管理局. 德安里. 北京：中国文史出版社，2009.

[24] 林明勤. 玄学探解. 香港：香港银河出版社，2005.

[25] 杨建东. 潮汕古村探源. 北京：中国文联出版社，2005.

后　记

2010年底，我出版了《潮汕乡土建筑》一书，过后一直感觉到余兴未尽，承蒙暨大出版社的厚爱，给我这个机会，再一次向读者介绍潮汕民居，特此谨表衷心的感谢！

本书是以文字为主、图片为辅、图文并茂的书籍，书中的三百多张照片（除俯瞰东里寨为翻拍的）全部是我二十多年来在潮汕大地田野调查现场用自然光实地拍摄的，文字部分是现场调查记录整理所得，部分是根据相关参考资料编写，由于时间跨越太久，有的无法查到出处，我无意夺人成果，只想能尽量向读者提供更详细的介绍，请原作者原谅。

我才疏学浅，书中言辞必多纰漏，观点亦未必合宜，甚至谬误。种种不足，敬请读者指出。

蔡海松
2012年1月